Ben Wettervogel / Renate Molitor

Können Wetterfrösche irren?

HERDER spektrum
Band 5882

Das Buch

Übers Wetter reden wir alle gern und häufig. Doch was ist eigentlich dran an all dem, was wir selbst über das Wetter so zu wissen glauben oder was uns die „ewigen Wetterweisheiten" unserer Vorfahren verkünden? Ändert sich bei Vollmond wirklich das Wetter? Wird durch ein Gewitter die Milch sauer? Und macht der April tatsächlich, was er will?
Ob Bauernregeln oder vermeintliche Volksweisheiten – die allseits bekannten Wetterfrösche Ben Wettervogel und Renate Molitor gehen hier dem landläufigen Wetterwissen und besonders beliebten Bauernregeln auf den Grund. Entstanden dabei ist ein ebenso unterhaltsames wie informatives Buch über die alltäglichen und besonderen Naturwunder unseres Wetters und Klimas.

Der Autor/Die Autorin

Ben Wettervogel ist Diplom-Meteorologe und seit 2005 Wettermoderator im ZDF-Morgenmagazin.
Renate Molitor arbeitet als Diplom-Meteorologin für die Wetterredaktion von www.wetter.com.

Ben Wettervogel
Renate Molitor

Können Wetterfrösche irren?

120 populäre Irrtümer über das Wetter

FREIBURG · BASEL · WIEN

Inhalt

Was Wetterfrösche erleben   6

Quell-, Regen- und Schönwetterwolken   7
Schweben Wolken deshalb am Himmel, weil sie so leicht sind? Kann es nur regnen oder schneien, wenn Wolken am Himmel stehen? Sind Wolken immer weiß? Lesen Sie hier verblüffende Antworten auf wolkige Fragen.

Atmosphäre, Luft und Gase   21
Sackt ein Flugzeug manchmal ab, weil die Luft Löcher hat? Bringt eine Kaltfront immer kalte Luft? Und ist Ozon in der Luft tatsächlich schlecht für die Menschen? Hier bekommen Sie interessante Einblicke in das Geschehen unserer Lufthülle.

Winde, Stürme und Orkane   41
Weht der Wind tatsächlich im Kreis um ein Hoch- oder Tiefdruckgebiet? Ändert sich stets das Wetter, wenn der Wind sich dreht? Entsteht das Auge im Zentrum eines Hurrikans, weil die Wolken durch die rasche Rotation nach außen gedrückt werden? Was sich wirklich dahinter verbirgt, lesen Sie hier.

Gewitter mit Blitz und Donner   67
Schlägt der Blitz nur ein einziges Mal in eine bestimmte Stelle ein? Soll man sich bei Gewitter flach auf den Boden legen? Wird bei einem Gewitter die Milch sauer? Finden Sie ganz neue Antworten rund um Blitz und Donner.

Schnee, Eis und Regen — 79
Löst die Sonne wirklich jeden Nebel auf? Werden Regentropfen bei Temperaturen unter 0 °C stets zu Eis? Und schneit es auf Mallorca niemals? Antworten auf diese und zahlreiche weitere Fragen finden Sie in diesem Kapitel.

Wärme, Frost und Kälte — 95
Wird es tatsächlich kühler, je höher man hinaufsteigt? Ist es im Sommer zur Mittagszeit am heißesten? Gibt es im Sommer nach den Eisheiligen keine Nachtfröste mehr? Lesen Sie hier mehr dazu.

Sonne, Mond und Erde — 105
Kann Sonnenlicht grün sein? Wird es bei uns Winter, weil dann die Erde weiter von der Sonne entfernt ist? Beeinflusst der Mond unser Wetter? Was wirklich an diesen Fragen dran ist, erfahren Sie in diesem Kapitel.

Altweibersommer, Hundstage und Wetterfrösche — 115
Ist Biowetter einfach Quatsch? Werden die Wetterprognosen durch bessere Computer genauer? Führt die fortschreitende Klimaerwärmung dazu, dass es in Europa immer wärmer wird? Wenn Sie mehr dazu wissen wollen, lesen Sie dieses Kapitel.

Literatur — 154
Register — 155
Impressum — 158

Was Wetterfrösche erleben

Das Wetter ist das wohl beliebteste Thema beim Smalltalk. Auch ich bin durch meinen Job praktisch auf jeder Party gezwungen, übers Wetter zu reden. Normalerweise mache ich das gerne, aber nicht unbedingt mit einem Grillwürstchen in der Hand. Steuerberater, Ärzte und andere „Leidensgenossen" können sicher nachvollziehen, wie ich mich dabei fühle. Der eine wird laufend nach legalen oder noch öfter nach illegalen Steuertricks gefragt, der andere muss Fragen zur Gesundheitsreform beantworten. Ich weiß nicht, wer von uns dreien da besser wegkommt ...

Auf einer sehr netten Party kam mir dann die Idee zu diesem Buch, als ich vermutlich zum zigsten Mal dem Hundertjährigen Kalender seinen immer noch gültigen Zauber nehmen musste. Das hatte übrigens zur Folge, dass ich anschließend ganz gespannt auf Parties gegangen bin – denn so konnte ich jedes Mal ein paar Wetterirrtümer ganz ohne eigenes Zutun mit nach Hause nehmen. Allen nüchternen und betrunkenen Partygängern möchte ich dafür meinen Dank aussprechen.

Und wirklich jeder Meteorologe kennt solche Erlebnisse. Meine Co-Autorin Renate Molitor gab, als wir über dieses Buch redeten, aus dem Stehgreif folgende Geschichte zum Besten: Im Skilift versuchte neben ihr ein unbekannter junger Mann seiner Freundin oder Bekannten die Wolken zu erklären und zeigte auf eine Schleierwolke: „Schau mal, das ist eine Cumuluswolke." Als sie ihn daraufhin vorsichtig korrigierte und sich als Wetterfrosch outete, kam es fast wehmütig aus ihm heraus: „Da will man mal jemanden mit seinen Wetterkenntnissen beeindrucken und ausgerechnet dann sitzt ein Meteorologe neben einem."

Reden wir also alle, in jeder Lebenslage, munter weiter übers Wetter!

Quell-, Regen-
und Schönwetterwolken

Wolken schweben am Himmel, weil sie leicht sind

Wenn man sie so locker am Himmel vorbeiziehen sieht, denkt man, Wolken sind leicht. Klar, sie bestehen ja nur aus Gasen und können fliegen. Falsch gedacht: Wolken sind alles andere als leicht. Sie bestehen je nach Wolkenart aus Wassertröpfchen oder Eiskristallen oder aus einer Mischung aus beidem – und die können ganz schön schwer sein. Eine Haufenwolke zum Beispiel – das sind die typischen Schönwetterquellwolken – besteht aus Wassertröpfchen, die im Durchmesser etwa 0,1 Millimeter groß sind. In einem Kubikmeter einer solchen Wolke sind so viele Wassertröpfchen, dass sie zusammen etwa 1 Gramm ausmachen. Das klingt wenig, aber: Wenn eine solche Haufenwolke eine Breite und Länge von jeweils 200 Metern und eine Höhe von 20 Metern aufweist, ergibt das ein Gewicht von schon 800 Kilogramm – alles andere als leicht!

In einer Gewitterwolke gibt es noch viel größere Tröpfchen und Eis, so dass 1 Kubikmeter davon etwa 5 Gramm schwer ist. Eine Gewitterwolke ist aber viel größer als eine Haufenwolke und hat Ausmaße von mehreren Kilometern Höhe und Breite. Schon eine verhältnismäßig kleine Wolke mit nur 4 Kilometern Höhe und einer Breite von 200 mal 300 Metern bringt es demnach auf 1.200 Tonnen, also fast zweimal so viel wie ein Airbus A 380. Hätte man eine Waage, müsste man demnach zwei A 380 auf der einen Seite anbringen, um das Gewicht einer mittelgroßen Gewitterwolke aufzuwiegen. Eine richtig große Gewitterwolke, die bis in 10 Kilometer Höhe reicht, bringt es sogar locker auf über 100.000 Tonnen Gewicht.

Und wie bleiben die schweren Wolken am Himmel? Die Wassertröpfchen fliegen zwar nicht, aber sie werden durch aufsteigende Luft in der Schwebe gehalten. So bleiben beide, Wolke und Jumbo Jet, auf ihre Weise am Himmel.

Wolken ziehen immer von anderswo auf

Oft erwarten wir vom Wetter nur, es muss schön sein. Dunkle Wolken und Regen mag keiner wirklich gerne haben. Sind nach einem schönen, sonnigen Tagesbeginn auf einmal viele Wolken am Himmel, entsteht rasch der Eindruck, dass diese doch eben noch gar nicht da waren und plötzlich von anderswo aufgezogen sein müssen.

Wo ist dieses anderswo? Wird der sonnige Himmel auf einmal milchig und anschließend ganz grau, dann handelt es sich dabei zwar schon um Wolken (in verschiedenen Höhen und unterschiedlicher Mächtigkeit). Aber eigentlich sind es nicht die Wolken, die aufziehen, sondern andere Luftmassen. Die dicksten Wolken entstehen erst in dem Moment, wenn unterschiedliche Luftmassen aufeinander treffen. Was passiert beispielsweise in einer Idealzyklone – so nennt der Meteorologe ein Tiefdruckgebiet, das sich bilderbuchmäßig verhält: Wenn sich eine Warmfront annähert, gleitet in großer Höhe (8 bis 10 Kilometer) warme Luft auf etwas kältere Luft auf. An der Grenzfläche dieser Luftmassen entstehen zunächst hohe Schleierwolken, dann mittelhohe Wolken und an der Front selbst hat man es auf einmal mit ganz dicken Wolken zu tun, die Dauerregen bringen.

Der Warmfront folgt in der Regel eine Kaltfront. An der Grenzfläche dieser Luftmassen schiebt sich die heranziehende kalte Luft unter die warme Luft und puscht damit dicke Quellwolken in den Himmel. Dort kommt es zu Schauern und Gewittern.

Von den Fronten eines Tiefs, die sehr intensiv Wolken hervorbringen, zurück zu dem anfangs so sonnigen Tag bei hohem Luftdruck. Bei genauer Beobachtung stellt man fest, dass sich am wolkenlosen Himmel zunächst kleine Quellwolken bilden, die auch noch nicht sehr hoch sind. Später jedoch nehmen die Quellwolken an Mächtigkeit zu, am Nachmittag kann es dann sogar zu einer Schauerwolke kommen. Das ist der ganz normale Tagesgang, wenn genügend Feuchtigkeit in der Luft ist und die Temperatur mit der Höhe stark genug abnimmt.

Also, Wolken werden nicht in einer Fabrik anderswo produziert und per Fließband an den Himmel entlassen, sie entstehen im Grunde an Ort und Stelle.

Bauernregel vom 6. Januar, Heilige Drei Könige
Ist bis Dreikönigstag kein Winter, so kommt auch kein strenger mehr dahinter.

Stimmt: Wenn der Dezember sowie die Tage bis zum 6. Januar insgesamt zu warm ausfallen, so liegt die Wahrscheinlichkeit bei 70 Prozent, dass der Januar ebenfalls zu warm ausfällt. Für den Februar liegt diese bei 60 Prozent. Für den gesamten restlichen Winter ab dem 7. Januar liegt die Wahrscheinlichkeit sogar bei 80 Prozent, dass die mittlere Temperatur über dem langjährigen Mittel liegt. Natürlich sind dabei einzelne kurze Kaltlufteinbrüche immer mit von der Partie. Aber in nur zwei von zehn Fällen fällt nach einem bis zum 6. Januar zu warmen Winter der Rest dieser Jahreszeit zu kalt aus.

Wolken sind immer weiß

Von oben betrachtet, quasi aus dem Flugzeug, ist dies immer richtig. Aber meist befinden sich die Wolken über dem Betrachter, der auf dem Erdboden steht. Ob von dort aus Wolken tatsächlich weiß sind, hängt davon ab, wie groß die einzelnen Bestandteile der Wolke sind. Zum Verständnis: Wolken sind eine kompakte Ansammlung von Wassertröpfchen oder Eiskristallen. Bei schönem Wetter, also in harmlosen Quell- und Schleierwolken, sind diese Teilchen im Schnitt nur 0,02 Millimeter klein. Das Sonnenlicht, das durch so kleine Tröpfchen hindurch fällt, wird gleichmäßig gestreut, die Wolken erscheinen also weiß.

Braut sich jedoch eine Regen- oder gar eine Gewitterwolke zusammen, hat man es mit Wolkentropfen von bis zu 6 Millimetern Größe zu tun. Das Sonnenlicht kann weniger gut durchdringen. Folglich erscheinen die Wolken gegen den Himmel dunkler, manchmal sogar richtig schwarz. Von oben betrachtet ist aber sogar diese Gewitterwolke natürlich strahlend weiß. Es ist also immer eine Frage des Blickwinkels.

Bauernregel vom 12. Januar, Ernst
Je frostiger der Januar, desto freundlicher das Jahr.
Stimmt nicht: Oberflächlich betrachtet, scheint ein kalter Januar ein sonniges und warmes Gesamtjahr zu versprechen, aber die Chancen stehen in Wirklichkeit bei 50 zu 50. Wo kommt diese Weisheit also her? Meist sind Witterungsregeln unter den Ernteregeln einzuordnen. Ein freundliches Jahr ist somit für die Landwirtschaft ein Mix aus Regen und Sonnenschein zur rechten Zeit. Eine gute Ernte war eben wichtiger als ein heißer und sonniger Strandurlaub.

Quellwolken leben den ganzen Tag lang

Aus dem Leben einer Quellwolke: Blauer Himmel, strahlender Sonnenschein. Die Sonne erwärmt den Erdboden, dort sammelt sich Warmluft. Irgendwann hebt sie ab und steigt auf. Sind die atmosphärischen Bedingungen gut (labile Schichtung), erreicht das Warmluftpaket das Kondensationsniveau (Kondensation = Übergang von gasförmig zu flüssig), der enthaltene Wasserdampf beginnt zu Tröpfchen zu kondensieren – eine Quellwolke wird geboren. Sie wächst weiter, wird immer dicker, solange die Warmluftzufuhr von unten (quasi die Nahrung) nicht abreißt. Aber genau das passiert unweigerlich. Die aufsteigende Warmluft wird am Boden durch absinkende kältere Luft ersetzt. Diese ist zunächst schwerer und bleibt am Boden. Nun bekommt die Quellwolke keine Nahrung mehr und muss von sich selber zehren. Die glatte Unterseite beginnt nun zu zerfasern, an den Rändern beginnt die Wolke wieder zu verdunsten. Dadurch wird Wärme verbraucht. Die Wolke beginnt sich abzukühlen und folglich: Die Wolke löst sich auf.

Das Ganze dauert im Schnitt 10 bis 30 Minuten, bei günstigen Bedingungen auch länger. Daher bilden sich also im Laufe eines schönen Tages immer wieder neue Quellwolken, da die Sonne an anderen Stellen Luft erwärmt. Es handelt sich also nie um ein und denselben wolkigen Übeltäter, der sich gerade vor die schöne Sonne schiebt ...

Je feuchter die Luft, desto dicker die Wolke

Damit sich Quellwolken bilden können, ist immer Luftfeuchtigkeit nötig. Die relative Luftfeuchte muss 100 Prozent betragen, damit aus dem unsichtbaren Wasserdampf in der Luft ein sichtbares Wolkentröpfchen werden kann. Im Normalfall haben wir eine Luftfeuchte von 60 bis 75 Prozent. Um 100 Prozent Luftfeuchte zu erreichen, muss sich das Luftpaket abkühlen, denn die Fähigkeit von Luft, Wasserdampf aufzunehmen, ist von der Temperatur abhängig. Kalte Luft kann weniger Wasserdampf aufnehmen als warme – der kühle Badspiegel, der beim heißen Duschen beschlägt, zeigt dies beispielsweise deutlich. Luft kühlt sich ab, wenn sie aufsteigt – alle 100 Meter kühlt Luft um 1 Grad Celsius ab. Bei Erreichen des Taupunktes (das ist die Temperatur, bei der die Sättigung von 100 Prozent Luftfeuchte erreicht ist) beginnt der Wasserdampf zu Tröpfchen zu kondensieren. Dadurch wird latente (versteckte) Wärme frei. Das ist die Energie, die das Wasser einst zum Verdunsten gebraucht hat, um gasförmiger Wasserdampf in der Luft zu werden. Das Luftpaket steigt weiter auf und die Wolke wird immer größer.

Wie dick sie nun wird, hängt von der die Wolke umgebenden Luft ab. Solange diese kälter ist als die Luft in der Wolke, kann sie weiter aufsteigen und die Wolke wird riesengroß. Sobald die Wolkenluft dieselbe Temperatur hat wie die Umgebung, hört das Luftpaket auf zu steigen, die Obergrenze der Wolkengröße ist erreicht.

Entscheidend für die Dicke einer Quellwolke ist also die vertikale Schichtung der Temperatur und nicht der Feuchtegehalt der Luft. Ist es nach oben hin schön kalt, wird die Wolke groß bis hin zur Gewitterwolke. Ist es nach oben hin hingegen recht warm, bleibt die Wolke klein.

Bei Wolken am Himmel gibt's keinen Sonnenbrand

Diese Annahme hat schon so manche weiße Haut ruckzuck krebsrot werden lassen. Bei vollkommen bedecktem Himmel wird die UV-Strahlung schon deutlich gemindert und die Gefahr eines Sonnenbrandes sinkt rapide. Aber bei lockeren Schönwetterwolken kann die UV-Strahlung gegenüber vollkommen blauem Himmel sogar um 30 Prozent erhöht sein.

Das direkte Sonnenlicht wird von einer Wolke reflektiert und verstärkt die UV-Strahlung am Boden, wenn die Sonne nicht hinter einer Wolke steht. Befindet man sich im Schatten der Wolke, ist das UV-Licht dagegen geringer – so wie es auch im Schatten eines Baumes geringer ist. Am stärksten ist der Effekt der erhöhten UV-Strahlung bei 6/8-Bewölkung in einem Wolkenloch. Alle um das Loch befindlichen Wolken reflektieren die UV-Strahlung, so dass an den sonnigen Stellen an solch einem wolkigen Tag die UV-Strahlung teilweise bis zu 50 Prozent höher ist. Natürlich bleiben Wolken nicht immer an der gleichen Stelle stehen, sondern ziehen am Himmel weiter. Daher wechseln sich an einem bestimmten Ort Schattenzeiten mit Zeiten erhöhter UV-Strahlung laufend ab. Trotzdem kann die Zeit, sich einen Sonnenbrand einzufangen, durch diesen Effekt deutlich verkürzt werden. Daher wird an solchen Tagen sogar ein Sonnenschutzmittel mit einem höheren Lichtschutzfaktor benötigt als an Tagen mit strahlend blauem Himmel. Am besten ist es sowieso, sich zwischen 12 und 16 Uhr nicht in der direkten Sonne aufzuhalten, um so die „volle Dröhnung" zu vermeiden. Die UV-Strahlung im Schatten reicht in diesen Stunden immer noch locker aus, um hautschonend braun zu werden.

Die Namen der Wolken
sind seit Urzeiten bekannt Eigentlich denkt
man, dass die Menschen schon vor Urzeiten das Problem der alltäglichen Wolken gelöst haben. Die alten Ägypter, Griechen und Römer waren vor allem in mathematischen und astronomischen Dingen weit vorne, aber die Wolken blieben ihnen immer ein Geheimnis. Nicht nur die Entstehung war ein Rätsel, sondern auch die verschiedenen Erscheinungsformen, die durch ihre Vielzahl chaotisch und nicht beherrschbar schienen. Lange wurde sogar geglaubt, dieses Durcheinander bekäme niemand in den Griff.

Und dann passierte es doch: Im Dezember 1802 hielt ein bis dahin unbekannter junger Apotheker aus London, Luke Howard, vor der Askesian Society im Londoner Plough-Court-Laboratorium einen Vortrag über die Veränderung der Wolken „On the Modification of Clouds". Im folgenden Jahr wurde der Vortrag im „Philosophical Magazine XVI" veröffentlicht. Seitdem gilt Luke Howard als „Godfather of the Clouds". Er teilte die Wolken in vier Klassen ein und verwendete dabei lateinische Namen, wodurch diese in der Wissenschaft auf der ganzen Welt verstanden werden konnten und nicht übersetzt zu werden brauchten: Cirrus (Federwolke), Stratus (Schichtwolke), Cumulus (Haufenwolke) und Nimbus (Regenwolke). Diese Klassifizierung gilt bis heute, auch wenn es heute weitere Unterteilungen und Unterformen der einzelnen Wolkenklassen gibt. Schließlich mussten die Meteorologen nach Howard auch noch was zu tun haben ...

Aber auch Howard hatte schon für Übergangsformen Kategorien wie Stratocumulus verwendet, um die Entwicklung der Wolken von einem Typ zum anderen zu beschreiben. Diese Klassifizierung der Wolken und damit die Begründung einer eigenen Wissenschaft, der Meteorologie, haben wir Menschen einem Naturschauspiel zu verdanken. Im Jahre 1783, als zehnjähriges Kind, faszinierten Luke Howard die Wettererscheinungen wie glutrote Sonnenuntergänge oder andere Farberscheinungen, die durch den Ausbruch der Vulkane Laki auf Island und Asama auf Japan hervorgerufen wurden. Im selben Jahr konnte er am 18. Juni auch noch einen Meteor bewundern. Dadurch wurde sein wissenschaftliches Interesse geweckt und er entdeckte dann seine Liebe zu den Wolken, die ihn am meisten in den Bann gezogen haben. Bis zu seinem Tode im Jahre 1864 blieb er der Meteorologie eng verbunden.

Bauernregel vom Januar
Werden die Tage länger, so wird die Kälte strenger.
Stimmt: Das lässt einen erst einmal stutzig werden. Eigentlich erwartet man, dass im Zeitraum um die kürzesten Tage des Jahres die tiefsten Tagesmitteltemperaturen zu erwarten sind. Aber es ist tatsächlich so, dass das mittlere Maximum der Tagestemperaturen im Januar am niedrigsten ist. In diesem Monat kann es zu besonders heftigen Kaltlufteinbrüchen aus Norden kommen, da sich das Meer (das eine hohe Wärmekapazität hat) entsprechend abgekühlt hat und so die polare Kaltluft nicht mehr erwärmen kann.

Ohne Wolken kann kein Schnee oder Regen fallen

Seitdem der Mensch das Zeitalter der Industrialisierung durchlebt, ist auch das möglich. Wenn sich im Winter ein Hoch über uns legt, gibt es darin eine Absinkinversion. Eine Inversion ist eine Sperrschicht warmer Luft, die wie ein Deckel über den darunter befindlichen kalten Luftschichten liegt. Durch normalen Hausbrand im Winter oder auch Industrieanlagen werden riesige Mengen Wasserdampf und warme Luft in die kalte Umgebung geblasen. Der Wasserdampf verflüssigt sich zu kleinen Wassertröpfchen, die mit der warmen Luft bis zur Untergrenze der Inversion aufsteigen. Dort sammeln sich nicht nur der Wasserdampf, sondern auch jede Menge Staubteilchen, an denen das Wasser gefriert. Wenn die Eisteilchen schwer genug sind, fallen sie zu Boden. So kann es auch ohne Wolken 5 bis 10 Zentimeter Neuschnee geben.

In München konnten wir Studenten dieses Phänomen unmittelbar in Institutsnähe beobachten. Das Heizkraftwerk in der Theresienstraße war schuld. Aber auch an meinem Wohnort in Karlsruhe kommt Industrieschnee jeden Winter vor. Eine Papierfabrik und eine Raffinerie sorgen in den Stadtteilen Neureut und Grünwinkel regelmäßig für feinen Industrieschnee. Die Größe der Schneekristalle ist um ein Vielfaches kleiner als in richtigen Wolken, da zum Wachstum die vertikale Ausdehnung einer richtigen Wolke fehlt. Da die Staubteilchen, an denen die Wassertröpfchen unterhalb der Inversionsschicht gefrieren, auch schon chemische Reaktionen mit den Abgasen der Industrieanlagen eingegangen sind, ist dieser Schnee hoch belastet. Ich möchte deshalb den alten Eskimospruch: „Don't eat yellow snow" um Folgendes erweitern: „and no Industrieschnee". Passiert das Ganze im Herbst, gibt es statt Schnee feinen Nieselregen.

Jede Wolke kann bei uns Regen bringen

An einem schönen Sommertag rechnet eigentlich niemand mit Regen, wenn sich über Mittag ein paar kleinere Wolken bilden. Diese Cumuluswolken bringen tatsächlich auch keinen Regen. Die kleinen Wolkentröpfchen schweben in der Luft, größere werden von Aufwinden in der Schwebe gehalten. Erst wenn diese Wolken weiterwachsen und oben vereisen würden, ist nach der Bergeron-Findeisen-Theorie Regen möglich.

Das Ganze funktioniert folgendermaßen: Die Eiskristalle wachsen auf Kosten der Wassertröpfchen, die sich ebenfalls in der Wolke befinden. Um das zu verstehen, muss man wissen, dass der Sättigungsdampfdruck über Eis geringer als über unterkühltem Wasser ist. Physikalisch spielt sich Folgendes ab: Aus der Umgebung der Tröpfchen strömt ständig etwas Wasserdampf zu den Eiskristallen, und zwar so lange, bis die Tröpfchen komplett verschwunden sind. Wenn die Eiskristalle groß genug geworden sind, können sie wegen ihres Gewichtes nicht durch Aufwinde in der Wolke gehalten werden und fallen zu Boden. Bei einer Temperatur über 0 Grad Celsius tauen sie auf und kommen als Regen bei uns an. Erst ab minus 10 Grad Celsius können sich Eiskristalle in den Wolken bilden. Das bedeutet: Wolken in unter 4 Kilometer Höhe bringen in unseren Breiten in der Regel keinen Regen. Flache Schichtwolken, Stratus- und Stratocumuluswolken bilden jedoch eine Ausnahme: Sie bringen höchstens etwas feinen Nieselregen mit Regentropfengrößen von maximal 0,1 bis 0,5 Millimeter. Normale Regentropfen haben dagegen eine Größe von 0,5 bis 5 Millimeter.

Aber auch reine Eiswolken wie Cirren oder Schleierwolken in einer Höhe zwischen 8 und 9 Kilometer können keinen Regen bringen. Der Form halber sei noch darauf hingewiesen, dass es in den Tropen in hoch reichenden Wolken auch zur Regenbildung bei Temperaturen über 0 Grad Celsius und ohne Vereisung kommen kann. Dabei wachsen Tropfen zusammen und große, schwere Tropfen sammeln auf ihrem Weg nach unten kleinere Tröpfchen ein. Bei uns spielt dieser Effekt höchstens bei der Nieselregenbildung eine Rolle.

Wolken können in jede beliebige Höhe aufsteigen

In der Regel ist die Atmosphäre in den unteren Schichten der Troposphäre so geschichtet, dass es nach oben hin kälter wird. Steigt Luft vom Boden auf, wird sie pro 100 Meter um 1 Grad Celsius kälter. In einer bestimmten Höhe beginnt die Kondensation des Wasserdampfes – dort ist das Anfangsstadium einer Wolke. Ab dann wird die Luft beim Aufsteigen nur noch um 0,65 Grad Celsius pro 100 Meter kälter. Die Luft steigt so lange auf, wie sie wärmer und damit leichter ist als die sie umgebende Luft. An der Grenze zwischen Troposphäre und Stratosphäre liegt die Tropopause, das ist eine Grenzschicht. In dieser Schicht bleibt die Temperatur konstant oder nimmt sogar leicht zu. Die Tropopause liegt in Äquatornähe in 18 Kilometer Höhe, in unseren Breiten in 11 Kilometer und an den Polen in 8 Kilometer Höhe. In unseren Breiten hat sie im Schnitt eine Höhe von 11 Kilometern. Durch das veränderte Verhalten, nämlich die leichte Zunahme oder Konstanz der Temperatur wirkt die Tropopause wie eine Sperrschicht für die von unten aufsteigende Luft. Diese breitet sich unterhalb der Tropopause nach allen Seiten aus. Besonders eindrucksvoll zeigen das mächtige Gewitterwolken, die an der Tropopause die Form eines Ambosses bilden, was bei einzeln stehenden Gewitterwolken wunderbar zu sehen ist. Die Wolkenobergrenze liegt demnach zwischen 8 und 18 Kilometern. Nimmt man eine Wolkenuntergrenze in 2 Kilometer Höhe an, können Wolken in unseren Breiten maximal 9 Kilometer hoch werden. So mächtige Wolken, so eindrucksvoll sie auch aussehen mögen, sind gefährlich! Sie bringen im Sommer häufig Unwetter mit Hagel, Platzregen und Überschwemmungen.

Atmosphäre, Luft und Gase

Luft wiegt nichts

Der Philosoph Aristoteles (384 bis 322 vor Christus) hatte damals schon die Vermutung, dass Luft ein Gewicht hat. Allerdings konnte er es nicht beweisen. Sein Versuch, das Gewicht einer mit Luft gefüllten Schweinsblase zu ermitteln, ging schief, als er nicht über die entsprechenden Messinstrumente verfügte.

Erst Galileo Galilei (1564 bis 1642) gelang es nachzuweisen, Luft muss etwas wiegen. Er widerlegte die Meinung, dass die Fallgeschwindigkeit eines Körpers von dessen Gewicht abhängig sei. Er machte mehrere Fallversuche vom Turm von Pisa, wobei er nachweisen konnte, dass alle Gegenstände die gleiche Beschleunigung (also Anziehung der Erde) erfahren. Allerdings fällt eine Feder trotzdem langsamer, da sie durch den Luftwiderstand getragen wird. Daraus schloss Galileo, dass Luft auch eine Art „Material" sein und ein spezifisches Gewicht haben muss.

Ein Kubikmeter Luft besteht zu 78 Prozent aus Stickstoffmolekülen, zu 21 Prozent aus Sauerstoffmolekülen und zu einem Prozent aus Spurengasen wie Edelgasen, Kohlendioxid und Wasserdampf. Wie jeder andere Körper auf der Erde unterliegen auch diese Luftmoleküle der Gravitation. Erst dadurch erhält die Masse der Luft ein Gewicht. Gewicht ist also nichts anderes als die nach unten gerichtete Anziehungskraft.

Ein Kubikmeter Luft wiegt am Erdboden 1,225 Kilogramm, in 1.000 Meter Höhe 1,112 Kilogramm und in 10.000 Meter Höhe 0,413 Kilogramm. Nun stellt sich sofort die Frage: Wieso wird der Kubikmeter Luft mit der Höhe immer leichter? Luft ist ein kompressibles Medium, das sich wie alle Gase zusammendrücken lässt – anders etwa als Wasser oder Flüssigkeiten, welche inkompressibel sind und stets das gleiche Volumen behalten. Mehr Gewicht bedeutet generell bei Gasen mehr Moleküle pro Volumen. Demnach befinden sich in einem

Kubikmeter Luft am Boden viel mehr Luftmoleküle als in größeren Höhen. Dies liegt daran, dass der Luftdruck mit der Höhe abnimmt. Folglich dehnt sich die kompressible Luft aus und aus 1 Kubikmeter Erdboden-Luft sind 3 oder 6 Kubikmeter Höhenluft geworden. Entsprechend verteilen sich die darin enthaltenen Luftmoleküle in einem größeren Volumen. Folge: In einem Kubikmeter Höhenluft sind immer weniger Luftmoleküle vorhanden, und – was man nicht vergessen darf – die Anziehungskraft der Erde lässt mit der Höhe ebenfalls nach. Im Mittel beträgt die Erdbeschleunigung (das ist die Beschleunigung, die jeder Körper auf der Erde beim Fallen nach unten erfährt) etwa 10 m/s^2. Je weiter man von der Erde weg ist, umso geringer ist ihre Anziehungskraft, ganz genau gesagt: Pro Meter Höhe nimmt die Erdbeschleunigung um 3,1 µm/s^2 ab. Die Luft verliert an „Gewicht".

Feuchte Luft
ist schwerer als trockene Luft

Im ersten Moment völlig klar: Feuchte Luft muss schwerer sein, immerhin ist schweres Wasser darin – so denkt man. Aber: Das Wasser ist als gasförmiger Wasserdampf unsichtbar in der Luft vorhanden, so wie jedes andere Gas auch.

Betrachten wir dazu nun je einen Kubikmeter Luft. Der eine ist ganz trocken, der andere enthält viel Wasserdampf. Unsere Luft besteht aus 78 Prozent Stickstoff, 21 Prozent Sauerstoff und einem Prozent Spurengasen. Ein Stickstoffmolekül wiegt 28 Gramm pro Mol. Ein Sauerstoffmolekül bringt es auf 32 Gramm pro Mol, ein Wasserdampfmolekül aber nur auf 18 Gramm pro Mol, wobei ein Mol einer festgelegten Menge von etwa 6 mal 10^{23} Teilchen entspricht.

In einem feuchten Luftpaket werden nun die schwereren Stickstoff- und Sauerstoffmoleküle durch die leichteren Wasserdampfmoleküle ersetzt, denn mehr als 100 Prozent Anteile gibt es nicht. Wenn also beispielsweise 100 Wasserdampfmoleküle durch verstärkte Verdunstung hinzukommen würden, dann müssten streng genommen 78 Stickstoffmoleküle, 21 Sauerstoffmoleküle und ein Molekül Spurengas weichen. Weil die gleiche Gasteilchenmenge Wasserdampf aber 10 Gramm leichter als Stickstoff und sogar 14 Gramm leichter als Sauerstoff ist, ist feuchte Luft leichter als trockene Luft.

Ein Flug kann ganz schön turbulent sein, weil die Luft Löcher hat

Wie aus heiterem Himmel sackt die Linienmaschine durch, alles wird auf einmal wie schwerelos und fliegt durch die Kabine – ein Luftloch. Rasch geht dann an Bord die Kunde um, dass das Flugzeug soeben durch ein Luftloch geflogen sei – und die Passagiere beruhigen sich. Doch stimmt das tatsächlich? Ist die Luft löchrig wie ein Schweizer Käse?

Ein Loch in der Luft hieße, dass sich dort ein Vakuum befände, also nichts. Um es gleich vorweg zu sagen: Die Luft hat keine Löcher. Woher kommt dann die Turbulenz, die ein Flugzeug absacken lässt?

Mit Turbulenz bezeichnet man die ungeordnete Bewegung der Luft. Dies kann horizontal und vertikal sein. Fliegt das Flugzeug zum Beispiel in einem Gebiet mit aufsteigender Luft, die auf einmal abrupt in absinkende Luft übergeht, hat man das Gefühl man fällt. Dabei sackt das Flugzeug tatsächlich durch: Weil das mehrere 100 Meter bis zu mehreren Kilometern betragen kann, gab es im Bereich von Leewellen und Rotoren, beispielsweise in den Anden und an der Sierra Nevada, bei Anflügen auf Flughäfen durchaus Abstürze. Denn wenn der Wind stark quer auf einen Gebirgszug weht, so beginnt die Luft auf der Wind abgewandten Seite stark auf- und abzuschwingen. So entstehen Leewellen. Da die Luft nicht Richtung Boden ausweichen kann, schnellt sie wieder hoch und dreht sich dabei um eine horizontale Achse – ein Rotor ist entstanden. Die Überquerung der Anden von Mendoza (Argentinien) nach Santiago de Chile ist nach wie vor ein Ritt auf dem Vulkan, da sich in diesem Bereich der höchste Berg der Südhemisphäre, der 6.960 Meter über Normal-Null hohe Aconcagua, befindet und dementsprechend die Winde dort Turbulenzen mit starken Abwinden erzeugen.

Ändert der Wind auf einmal Richtung oder Stärke, setzt ein ähnlicher Effekt ein: Das Flugzeug wird durchgerüttelt. Hat die rechte Tragfläche beispielsweise einen Gegenwind von 100 Stundenkilometern und die linke Tragfläche Rückenwind mit einer Geschwindigkeit von 50 Stundenkilometern, dann passiert Folgendes: Die rechte Fläche erhält einen zusätzlichen Auftrieb, aber auch mehr Widerstand durch den Gegenwind, die linke Fläche Abtrieb und Beschleunigung. Das Flugzeug wird um seine horizontale und vertikale Achse verdreht und legt sich in eine starke Schräglage. Möglicherweise sackt es sogar noch durch, weil die Strömung an den Tragflächen abgerissen ist. Dabei werden die Passagiere im übelsten Fall aus ihren Sitzen gehoben, Sachen fliegen umher und können Verletzungen herbeiführen. Dem Flugzeug macht das allerdings nichts aus. In diesen Fällen spricht man von vertikaler bzw. horizontaler Windscherung. Da diese Windscherungen urplötzlich auftauchen können, gibt es heftige Turbulenzen auch innerhalb des Flugzeugs. Nach einem solchen Erlebnis bleibt so manch einer den ganzen Flug brav sitzen und lässt den Anschnallgurt immer geschlossen.

Die Sonne erwärmt die Luft direkt

Die Sonne ist der Energielieferant der Erde. Von der abgestrahlten Sonnenenergie erhält die Erde aber nur einen geringen Teil: Nur etwa 51 Prozent erreichen den Erdboden, der Rest geht auf seinem Weg durch die Lufthülle durch Absorption, Streuung und Reflexion an den Wolken verloren.

Das sichtbare Sonnenlicht ist kurzwellig mit Wellenlängen von 0,35 bis 0,75 μm, Wärmestrahlung dagegen langwellig mit Wellenlängen von 1 bis 100 μm. Deshalb kann das Sonnenlicht die Luft gar nicht direkt erwärmen, sondern muss umgewandelt werden. Das geschieht so: Die kurzwellige Sonnenstrahlung trifft auf die Erdoberfläche, wird dort absorbiert, in Wärmeenergie umgewandelt und wieder als langwellige, infrarote Strahlung in die Atmosphäre emittiert. So erwärmen sich die untersten Luftschichten. Diese Wärmeenergie wird dann durch verschiedene Transportmechanismen an die Atmosphäre abgegeben.

Bauernregeln vom 22. und 25. Januar, Vinzenz und Paulus

Vinzenz Sonnenschein bringt viel Korn und Wein.

Sankt Paulus schön mit Sonnenschein, füllt Speicher und Keller mit Frucht und Wein.

Beide stimmen nicht: Gegen Ende Januar tritt nicht selten mildere Witterung ein. Aber daraus auf ein ganzes Jahr zu schließen, ist Unsinn. Viele dieser Regeln kommen aus dem Hundertjährigen Kalender, der im 17. Jahrhundert in Mainfranken entworfen wurde. Dort herrscht ein ausgeprägtes Regionalklima. Dieser Kalender ist aus meteorologischer Sicht schon allein deshalb nicht haltbar, da er sich auf den vermeintlichen Witterungseinfluss der damals fünf bekannten Planeten plus Sonne und Mond stützt.

Auf dem Land ist die Luft besser, da es dort kein Ozonproblem gibt

Abgesehen vom Ozonloch, das in viel größeren Höhen vorkommt und dort, wo es existiert, Land- und Stadtbevölkerung gleichermaßen trifft, gibt es auch noch bodennahes Ozon. Und darum geht es hier.

Bodennahes Ozon bildet sich bei Sonneneinstrahlung und Anwesenheit von Stickoxiden. Kohlenwasserstoffe unterstützen diesen Bildungsprozess. Stickoxide und Kohlenwasserstoffe sind in der Stadt durch die bei der Verbrennung, beispielsweise in Automotoren, entstehenden Abgase ausreichend vorhanden. In verschiedenen chemischen Abläufen entsteht Stickstoffdioxid (NO_2), aus dem das UV-Licht der Sonne ein Sauerstoffatom (O) freisetzt. Dieses verbindet sich wiederum mit einem Sauerstoffmolekül (O_2) zu Ozon (O_3). Die logische Konsequenz: hohe Ozonbelastung in den Städten, geringe auf dem Land.

In der Realität sieht das anders aus. Gerade im Umland der Ballungsräume steigen die Ozonwerte an Sommertagen sehr stark an. Woher kommt das? Sowohl Ozon als auch die Vorläuferprodukte können je nach Wind über mehrere hundert Kilometer transportiert werden. Da die Bildung von Ozon relativ viel Zeit braucht, treten die erhöhten Ozonwerte erst in großer Entfernung von der eigentlichen Quelle der Vorläuferstoffe auf. Nachts kommt die Ozonbildung wegen der fehlenden Sonneneinstrahlung zum Erliegen. Jetzt kommt der Prozess des Ozonabbaus zum Zug. Dieser erfolgt ebenfalls über Stickoxide, nämlich dem Stickstoffmonoxid (NO). Nachts wird aus Ozon (O_3) und NO dann Sauerstoff (O_2) und NO_2. In ländlichen Gebieten gibt es, anders als in städtischen Gebieten, hingegen kaum Quellen für Stickoxide. Das Ozon bleibt dort erhalten. Weil tagsüber der Ozonspeicher weiter aufgefüllt wird, ergeben sich auf dem Land insgesamt höhere Ozonkonzentrationen als in der Stadt.

Eine Kaltfront bringt immer kalte Luft

Auch bei Wetter gibt es Maskeraden. Kaltluft ist nicht immer gleich Kaltluft. Es gibt Kaltfronten, die bringen „wärmere" Kaltluft als die, die vorher da war. Dabei spricht man dann von „maskierten Kaltfronten".

Wenn ein normales Tiefdruckgebiet durchzieht, bringt dieses zunächst milde und feuchte Luft, das ist die Warmfront. Dahinter folgt in der Regel eine Kaltfront mit kälterer Luft. Dann kommt es regelrecht zu einem Verdrängungswettbewerb: Die Warmluft schiebt die vor ihr liegende Kaltluft des vorangegangenen Tiefs weg. Die folgende Kaltluft ist schwerer als die warme Luft. Sie schiebt sich so lange unter diese, bis die Warmluft vom Boden vollständig verdrängt und es folglich überall bodennah kalt geworden ist. Und wenn nun ein Tief auf das nächste folgt, so wechseln sich Warm- und Kaltluft regelmäßig ab.

Im Winter tritt aber häufig die scheinbar widersinnige Situation auf, dass es hinter einer solchen Kaltfront auf einmal wärmer statt kälter wird. Folgendes Wetterszenario: Tief A zieht bei uns durch und bringt sehr milde Luft mit 10 Grad Celsius. Dahinter kommt eine richtig knackige Kaltfront mit einer Lufttemperatur von kalten 0 Grad Celsius. Diese Kaltluft ist sehr schwer, sie klebt regelrecht am Boden. Tief A zieht ab.

Nun folgt Tief B. Es hat einen langen Weg über den Atlantik hinter sich, der im Winter im Vergleich zur Landmasse noch relativ warm ist. Dementsprechend hat sich die Luft von Tief B auch erwärmen können. Bei uns angekommen spielt sich nun folgende Szene ab. Die Warmfront von Tief B bringt milde Luft mit 15 Grad Celsius. Diese Luft trifft nun auf die 0 Grad Celsius kalte Luft und gleitet nun aber vollständig auf diese auf, weil sie ja viel leichter ist. Das heißt, am Boden bleibt es bei uns kalt. Denn die warme Luft ist nur in der

Höhe zu finden. Sie schafft es einfach nicht, die Kaltluft am Boden wegzuräumen. Dann folgt die Kaltfront von Tief B. Sie hat durch ihre Reise über das warme Atlantikwasser Luft mit einer Temperatur von 5 Grad Celsius im Gepäck. Infolge höherer Windgeschwindigkeiten und größerer Turbulenz ist diese Kaltfront in der Lage, sowohl die Warmluft zu unterwandern als auch die am Boden klebende Kaltluft des alten Tiefs zu zerstören.

Und genau jetzt ist der Widerspruch eingetreten. Hinter der Kaltfront von Tief B ist es auf einmal 5 Grad Celsius wärmer geworden als zuvor. Die Bezeichnung „maskiert" erhält die Kaltfront also dadurch, dass sie die alte Kaltluftschicht vernichtet und so am Boden eine Erwärmung einsetzt, obwohl Kaltluft einströmt.

Bei solchen Wetterlagen schneit es oft und stark in den Mittelgebirgen, im Flachland dagegen gibt es Regen. Bevor die Kaltfront die eisige Luft am Boden komplett wegräumt, fällt auch gerne gefrierender Regen und es wird spiegelglatt.

Wasserdampf ist in der gesamten Atmosphäre gleichmäßig verteilt

Die irdische Atmosphäre besteht aus einem Gasgemisch, dessen Zusammensetzung sich seit Jahrmillionen nur wenig verändert hat. Die Hauptbestandteile sind Stickstoff (78 Prozent), Sauerstoff (21 Prozent) und eine Vielzahl von Spurengasen. Der Wasserdampfgehalt kann dabei maximal vier Volumenprozent betragen und schwankt räumlich und zeitlich sehr stark.

Die Atmosphäre ist in der Meteorologie durch die mittlere vertikale Temperaturverteilung in Stockwerke aufgeteilt und reicht bis in etwa 500 Kilometer Höhe, darüber beginnt das Weltall. Das unterste Stockwerk ist die Troposphäre. Sie reicht am Pol vom Erdboden bis in 8 Kilometer Höhe, in unseren Breiten bis in 11 Kilometer und in den Tropen bis in 18 Kilometer Höhe. In der Troposphäre befindet sich etwa drei Viertel der Gesamtmasse der Atmosphäre und – was noch bedeutsamer ist – fast der gesamte Wasserdampf. Man schätzt den Anteil der Atmosphäre am gesamten Wasservorrat der Erde auf rund 13.000 Kubikkilometer, das sind etwa 0,001 Prozent.

Bauernregel vom 31. Januar, Eusebius und Virgilius

Friert es auf Eusebius, im Märzen Kälte kommen muss.

Kann stimmen oder nicht: Tritt um Virgilius in der Zeit zwischen dem 30. Januar und dem 1. Februar nur an einem Tag oder gar kein Frost auf, so wird zu 75 Prozent Wahrscheinlichkeit im März die Zahl der Frosttage mit Tiefsttemperaturen unter 0 Grad Celsius unter dem Schnitt liegen. Gibt es in diesem Zeitraum allerdings häufiger Frost, so ist zu 60 Prozent mit überdurchschnittlich vielen Frosttagen im März zu rechnen.

Der einfach gemessene Luftdruck zeigt an, ob über uns ein Hoch oder ein Tief regiert

Der Luftdruck, der in den Wetterkarten angegeben ist, ist ein besonderer. Alle offiziellen Messstationen benutzen den so genannten auf N.N. (Normalnull), auf Meereshöhe reduzierten Luftdruck. Wäre das nicht der Fall, würden die Meteorologen bestenfalls ein Höhenprofil der Erde messen, denn der Luftdruck ist von der Höhe abhängig. In Hamburg wäre der Luftdruck immer höher als auf der knapp 3.000 Meter hohen Zugspitze. Ein Beispiel: Ein Luftdruck in Hamburg von 1.000 hPa ergäbe einen Luftdruck von etwa 700 hPa in 3.000 Metern Höhe.

Der Luftdruck nimmt nach der „Barometrischen Höhenformel" mit der Höhe exponential ab. Alle 5 Kilometer in der Höhe reduziert er sich auf die Hälfte, in 32 Kilometern Höhe beträgt er nur noch ein Prozent und in 50 Kilometern nur mehr ein Promille (eben 1 hPa). Ein Hektopascal Druckunterschied entspricht auf Meeresniveau einer Höhendifferenz von etwa 8 Metern, in 5.500 Metern einer von rund 16 Metern. Aber nicht nur von der Höhe, sondern auch von der Temperatur ist der Luftdruck abhängig. Höhenlage und Temperatur werden deshalb bei jeder Messung des Luftdrucks berücksichtigt und der Luftdruck auf N.N. runtergerechnet. Aus vielen solchen Messungen entsteht eine Bodendruckkarte. Aus dieser kann man dann ersehen, wo sich Tief- und Hochdruckgebiete befinden. Wenn Sie sich im Bau- oder Supermarkt einen der derzeit so beliebten elektronischen Alleskönner zum Messen meteorologischer Größen kaufen, reicht es allerdings, wenn Sie die ungefähre Höhe Ihres Wohnortes angeben. Dann macht das Gerät die Umrechnungen auf N. N. Für den Hausgebrauch reicht das vollkommen aus.

Der Luftdruck zwischen Hoch und Tief schwankt gewaltig

Ein durchschnittliches Tief hat in seinem Kern einen Luftdruck von 985 hPa (Hektopascal), ein ebenfalls durchschnittliches Hoch einen Kerndruck von 1.035 hPa. Das sind nur 50 hPa Differenz. In Prozent ausgedrückt basiert das Wettergeschehen im Großen und Ganzen auf Luftdruckunterschieden von nur ungefähr fünf Prozent. Der niedrigste jemals in Deutschland gemessene Luftdruck wurde am 27. November 1983 in Bremen mit 955,4 hPa registriert. Das mächtigste Hoch bei uns hatte 1.057,8 hPa (23. Januar 1907 in Berlin Dahlem). Selbst bei diesen Extremen differieren die Luftdruckunterschiede nur um etwa zehn Prozent. Weltweit gab es bisher folgende Rekorde: höchster jemals gemessener Luftdruck: 1.083,8 hPa am 31. Dezember 1968 in Agata, Sibirien; tiefster jemals gemessener Luftdruck: 870 hPa am 12. Oktober 1979 im Taifun „Tip" bei Guam, Pazifik.
In der Regel bestimmen also 50 hPa Unterschied beim Luftdruck unser Wetter, erstaunlich wenig, oder?

Bauernregel vom Februar

Ist der Februar sehr warm, friert man Ostern bis in den Darm.
Stimmt nicht: Selbst wenn es im Februar nur wenig Frost gibt, so lässt sich beim Wetter kein „Nachholbedarf" an Kälte erkennen. Eher setzt sich die Tendenz nach weniger Frosttagen bis ins Frühjahr fort.
Generell muss man sehen, dass Osterregeln keine meteorologische Bedeutung haben können, da Ostern in jedem Jahr auf einen anderen Tag fällt.

Ozon ist generell für die Menschheit schlecht

Nur das bodennahe Ozon, verursacht durch stickoxidhaltige Autoabgase, belastet in hohen Konzentrationen an sonnigen und heißen Tagen manche Menschen. Sie bekommen rote Augen und Atemprobleme. Bis weit in die 1970er Jahre wurde von Ferienregionen sogar mit ozonhaltiger Luft für den Urlaub vor Ort geworben. Denn Ozon war ein Garant für sehr reine Luft. Ozon besteht aus drei Sauerstoffatomen. Es ist ein aggressives Gas, das sofort mit Staub und Dreckpartikeln in der Luft reagieren würde. Fehlen diese Partikel, etwa in reiner Luft, erhöht sich an sonnigen Sommertagen der Ozongehalt.

Oft wird Ozon statt Chlor in Hallenbädern zur Wasserreinhaltung eingesetzt. Ohne das menschliche Zutun wäre das natürlich entstehende, bodennahe Ozon ungefährlich, da die Konzentration dieses Giftes nur sehr gering ist. Ozon kommt in der Atmosphäre vom Boden bis in 50 Kilometer Höhe vor. Würde alles Ozon bei Normaldruck auf Seehöhe konzentriert, gäbe das eine Schicht von nur 3,5 Millimeter Dicke.

Das Ozon wird aber nur durch menschengemachte Abgase zum Problem, die Natur hat ihm dagegen eine wunderbare Rolle zugeteilt: Es schützt uns Menschen, die Tiere und die Pflanzen vor der gefährlichen UV-Strahlung der Sonne. Es ist sozusagen die Sonnenbrille in der Atmosphäre. Die Ozonschicht an sich gibt es nicht, aber es gibt ein Ozonmaximum zwischen 20 und 26 Kilometern Höhe. In diesem Bereich wird die kurzwellige, ultraviolette Strahlung mit Wellenlängen unter 0,29 µm absorbiert. Bei dieser Strahlungsabsorption wird zugleich Strahlungsenergie wieder freigesetzt. Damit kommt dem Ozon eine sehr wichtige Rolle im Strahlungshaushalt der Atmosphäre zu. Würde das Ozon in dieser Höhe verschwinden oder sich stark vermindern, wäre das eine Katastrophe für die Menschheit.

Aber auch das haben wir schon geschafft. Fluorkohlenwasserstoffe, kurz FCKW, haben die Ozonschicht schon geschädigt und ein Ozonloch über der südlichen Hemisphäre geschaffen. Nur ein schnelles Verbot der FCKW hat eine weitere Schädigung verhindert.

Auch das bodennahe Ozon wurde durch die Einführung des Katalysators stark eingedämmt. Die Rettung des Ozons ist ein gutes Beispiel für den Klimaschutz. Wenn alle Nationen bei diesem Thema an einem Strang ziehen würden, wäre auch dieses Problem in den Griff zu bekommen.

Wetter gibt es in der gesamten Erdatmosphäre

Unsere irdische Atmosphäre reicht zwar 500 Kilometer hoch, aber das Wetter spielt sich maximal in den untersten 8 bis 18 Kilometern ab. Wetter gibt es nur dort, wo sich Wasserdampf befindet. Das ist in der Troposphäre, dem untersten Stockwerk der Atmosphäre, der Fall – dort befindet sich fast der gesamte Wasserdampf der Atmosphäre.

Um dem Wetter (und seinem Unbill) auszuweichen, fliegen Linienflugzeuge vielfach in Höhen von über 10 Kilometern. Denn dort ist im Mittel die Obergrenze der Troposphäre, der „Wettersphäre". Dicke Gewitterwolken kommen über diese Obergrenze selten hinaus, und so kann man dort oben meist einen sonnigen und ruhigen Flug genießen.

Aus dem aktuellen Luftdruck kann man das zukünftige Wetter ablesen

Jeder von uns hat es schon mal gemacht: beim Apotheker ans Barometer klopfen, um dann auf der Anzeige abzulesen, wie das Wetter wird. Aber der Luftdruck an sich verrät uns über eine Wetteränderung noch nichts. Mit 1.005 Hektopascal (hPa) kann man am Rande eines Hochs oder auch eines Tief sein. Außerdem weiß niemand, wenn er ein fremdes Barometer benutzt, ob der Besitzer dieses auch auf die richtige Höhe über dem Meeresspiegel eingestellt hat. Das ist wichtig: Da der Luftdruck mit der Höhe abnimmt (bis in 2.000 Meter alle 8 Meter 1 hPa weniger Druck), würde das Barometer in 500 Metern Höhe anstatt den korrekten 1.005 hPa nur 943 hPa anzeigen. Das würde natürlich zu einer vollkommen falschen Wetterprognose führen, da man sich mitten in einem Tief wähnt.

So groß muss der Fehler des Barometers aber gar nicht sein. Die Luftdruckänderungen zwischen Hoch und Tief bewegen sich in der Regel um 30 bis 50 hPa. Daher würde selbst ein um 20 hPa falsch eingestelltes Barometer die Prognose schon arg verfälschen. Gerade digitale Anzeigen mit einer Zehntel-Grad-Anzeige gaukeln einem eine große Genauigkeit vor.

Dennoch kann man mit dem Barometer feststellen, ob sich das Wetter ändert – und zwar nicht unbedingt mit dem absoluten Wert des Luftdrucks, sondern über dessen Änderung. Starker Druckfall von 1 hPa pro Stunde zeigt Wetterfronten oder sogar ein nahendes Tiefzentrum an. Gibt's dazu einen südlichen Wind, der beständig zunimmt, zieht ein Tief rasch heran. Wenn sich aber trotz starkem Druckfall kein Lüftchen regt, wird ein Unwetter in kürzester Zeit zuschlagen. Bei langsamem Druckfall, weniger als 1 hPa in drei Stunden, wird sich das Wetter auch nur langsam ändern. Steigt der Luftdruck langsam an, wird sich eine Schönwetterperiode einstellen.

Wenn der Luftdruckanstieg zwei bis drei Tage lang andauert wird die Schönwetterperiode mindestens eine Woche anhalten, da sich ein mächtiges Hoch aufbaut. Konstanter Luftdruck heißt konstantes Wetter.

Bauernregel vom 2. Februar, Mariä Lichtmess
Ist's an Lichtmess hell und rein, wird's ein langer Winter sein. Wenn es aber stürmt und schneit, ist der Frühling nicht mehr weit.
Stimmt: In Amerika ist dies der Murmeltiertag. Kommt das Murmeltier aus seiner Höhle und sieht es einen Schatten (weil die Sonne scheint), dann bleibt es noch lange kalt. Sonnenschein gibt es bei winterlichen Hochdruckwetterlagen. Bei dieser Wetterregel spielt die Erhaltungsneigung des Wetters eine große Rolle. Ist es Anfang Februar sonnig, hell und klar, so bleibt der Hochdruckeinfluss in der Regel noch längere Zeit bestehen. Hoher Luftdruck bedeutet bei uns zum einen die Zufuhr kalter Festlandsluft aus Osteuropa und Sibirien, zum anderen bei klarem Himmel kräftige Nachtfröste, vor allem wenn Schnee liegt.

Ist es also um Lichtmess überdurchschnittlich sonnig, so ist mit 60 Prozent Wahrscheinlichkeit im Februar und mit fast 70 Prozent Wahrscheinlichkeit im Februar und März zusammen mit einer überdurchschnittlichen Zahl an Frosttagen (Tagestemperaturminimum bei unter 0 Grad Celsius) zu rechnen.

Nach dem Durchgang einer Kaltfront ist das Wetter wieder ruhig und schön

Ist die Kaltfront eines Tiefs durchgezogen, dann ist auch das Tief durch. Auf seiner Rückseite, also hinter der Kaltfront, fließt nun kühle und frische Luft ein, die Sonne scheint, die Sicht ist zum Teil über 100 Kilometer weit. Schönes, ruhiges Wetter kommt nun, denkt man. Aber: Genau diese kühle Luft ist sehr labil. Es reicht nur wenig Sonnenschein aus, damit die ersten Quellwolken entstehen. Hat sich die Kaltluft auch in großen Höhen von mehreren Kilometern durchgesetzt, dann ist der Weg frei für noch dickere Quellwolken, die schließlich zu Schauern und Gewittern mit Hagel führen. Nach der Ruhe kommt also wieder der „Sturm".

Aber solche Wetterlagen haben auch ihre Liebhaber, nämlich die Segelflieger. Bevor es zu den Schauern kommt, herrschen hervorragende thermische Bedingungen. Segelflieger schwärmen dann von der so genannten Rückseite, im Fachchinesisch der Segelflieger: Hammerwetter.

Bauernregel vom März

Donnert's im März, dann friert's im April.

Stimmt: Einen gewissen Wahrheitsgrad hat diese Regel. In Jahren mit Märzgewittern liegt die durchschnittliche Zahl der Frosttage im April um zehn Prozent höher als in Jahren ohne Gewitter im März. Man muss das wie folgt verstehen: Gewitter gibt es, wenn warme und kalte Luft aufeinander treffen. Das heißt, für Märzgewitter muss Warmluft kommen. Aber diese warme Luft hält sich meist nicht lange, denn im launischen April kommt mit Sicherheit auch wieder ein Kaltlufteinbruch, der sogar Schneeschauer und Frost bringt.

Hochs und Tiefs leben gleich lang

Tiefdruckgebiete sind Wärmepumpen der Atmosphäre und transportieren kalte Luft nach Süden und warme nach Norden. In jedem Tief gibt es einen Bereich mit warmer und kalter Luft. Die kalte Luft bewegt sich in dem rotierenden System Tief schneller als die warme und holt diese ein. Dabei wird der Unterschied zwischen warmer und kalter Luft ausgeglichen. Das Tief verliert dadurch die Energie für seinen Antrieb. Tiefdruckgebiete werden deshalb nicht sehr alt, ihre Lebensdauer beträgt im Schnitt nur zwei bis fünf Tage.

In einem Hoch hingegen gibt es diese unterschiedlichen Bereiche zwischen kalter und warmer Luft nicht. Ein Hoch entsteht dort, wo kalte, schwere Luft aus der Höhe zum Boden absinkt. Deshalb können Hochdruckgebiete viel länger existieren, besonders dort, wo es generell kalt ist wie etwa an den Polen, über den verschneiten riesigen Flächen Russlands, aber auch im Sommer auf dem kühlen Atlantik. Das russische Winterhoch hält sich über Monate ebenso wie das sommerliche Azorenhoch.

Überall auf der Erde kann man mit einem Thermometer die Lufttemperatur messen

Die Temperatur ist eine der wichtigsten Größen in der Meteorologie. Sie in allen Schichten der Atmosphäre genau zu kennen, ist Voraussetzung, um die Abläufe dort zu verstehen. Mit der Temperatur ist die Lufttemperatur gemeint. Um sie überall unter gleichen Bedingungen messen zu können, wird das Thermometer in 2 Meter Höhe in einer Wetterhütte aufgehängt. Die Wetterhütte ist wichtig, damit kein Fehler durch direkte Sonnenstrahlung entsteht. Der Unterschied ist allen geläufig: Mitten in der prallen Sommersonne sitzt niemand gerne. Lieber sucht man sich ein schattiges Plätzchen, an dem die Hitze viel erträglicher ist.

Die Temperatur wird über die mittlere Bewegungsenergie von Gasmolekülen definiert. Je höher die Temperatur ist, desto heftiger schwingen die Moleküle. Ein Thermometer wird von diesen Luftmolekülen getroffen. Dabei geben sie ihre Energie an die Flüssigkeit im Thermometer ab. Die Flüssigkeit dehnt sich aus, dann steigt die Temperatur, oder zieht sich zusammen, die Temperatur fällt.

Wenn man ein Thermometer samt Wetterhütte in große Höhen über 30 Kilometer bringen würde, funktioniert die Messung der Lufttemperatur nicht mehr. Dort gibt es wegen des geringen Luftdrucks einfach zu wenige Luftmoleküle, die das Thermometer treffen könnten. Deshalb wird die Temperatur in diesen Höhen indirekt gemessen, zum Beispiel über die Schallgeschwindigkeit oder von Satelliten aus.

Winde, Stürme und Orkane

Die Corioliskraft wirkt auf der Nordhalbkugel nur auf Wind von Nord nach Süd

Die Corioliskraft ist eine so genannte Scheinkraft. Sie kommt durch die Drehung der Erde um ihre eigene Achse von West nach Ost zustande. Am Äquator zeigt sie die größte Wirkung, an den Polen die geringste. So hat beispielsweise ein Luftpaket in 60 Grad Nord mit 887 km/h eine deutlich geringere West-Ost-Drehgeschwindigkeit als eines am Äquator (1.674 km/h).

Nehmen wir zunächst ein Luftpaket aus Norden, das sich meridional auf einem Längengrad in Richtung Süden bewegt. Wenn sich dieses Luftpaket in Bewegung setzt, so kommt es in geographische Breiten, in denen die West-Ost-Bewegung der Erdoberfläche und damit auch die der sich darüber befindlichen Luft immer größer wird. Da dieses Luftpaket aber eine langsamere Ausgangsgeschwindigkeit mitgebracht hat, dreht sich die Erde regelrecht unter dem Luftpaket hinweg. Das Luftpaket weicht also „scheinbar" von seiner ursprünglich schnurstracks geraden Bahn gen Süden nach rechts gen Westen ab. Auf der Südhalbkugel passiert dasselbe, nur eben nach links gen Westen.

Die Corioliskraft wirkt aber nicht nur auf ein sich meridional bewegendes Luftpaket wie den Wind von Nord nach Süd, sondern auch auf eines, das sich zonal auf einem Breitengrad entlangbewegt.

Um das zu verstehen, muss man eine andere Überlegung anstellen. Ein Luftpaket bewegt sich mit der Erddrehung von West nach Ost. Dabei vergrößert sich die Geschwindigkeit des Luftpaketes um die Umlaufgeschwindigkeit der Erde, da sich Eigengeschwindigkeit und die Drehgeschwindigkeit der Erde addieren. Somit vergrößert sich auch die Zentrifugalkraft dieses Luftpakets, die wie im Kettenkarussell nach außen wirkt.

Diese hinzugewonnene Zentrifugalkraft steht senkrecht auf der Erdachse, somit also mehr oder weniger schräg auf der Erdoberfläche. Man kann diesen Anteil in zwei Komponenten zerlegen: Eine, die senkrecht auf der Erdoberfläche steht, und eine, die parallel zur Erdoberfläche nach Süden gerichtet ist. Diese zweite Komponente lenkt das Luftpaket aus seiner ursprünglichen Bewegungsrichtung von West nach Ost nach rechts ab.

Jede Bewegung auf der Erdoberfläche – egal, ob nach Ost, Süd, West oder Nord – unterliegt einer Ablenkung, auf der Nordhalbkugel nach rechts, auf der Südhalbkugel nach links.

Der Wind weht genau im Kreis um ein Tief oder Hoch herum

Im Prinzip ist das richtig. Der Wind weht auf der Nordhalbkugel gegen den Uhrzeigersinn um das Tief, und im Uhrzeigersinn um das Hoch herum. Auf der südlichen Hemisphäre ist das Umgekehrte der Fall.

An einem bewegten Luftteilchen zerren mehrere Kräfte. Da ist zum einen die Corioliskraft, die das Luftteilchen auf der Nordhalbkugel nach rechts auslenkt, zum anderen die Gradientkraft, die das Luftteilchen immer in Richtung des niedrigeren Luftdrucks zieht, sowie die Zentrifugalkraft, die das Luftteilchen auf einer Kreisbahn nach außen zerrt. Sind diese drei Kräfte im Gleichgewicht, zieht das Luftteilchen eine geschlossene Kreisbahn um das Tief bzw. Hoch herum. So ein Druckgebilde könnte ewig existieren – aber die Erfahrung zeigt, dass sich Tiefs und Hochs auflösen und neu bilden. Daher muss es noch eine Kraft geben, die auf Luftteilchen wirkt: die Reibung.

Die Reibung ist besonders am Erdboden sehr groß und wirkt immer der Bewegungsrichtung entgegen. So verringert sie die Windgeschwindigkeit und damit auch die Corioliskraft. Das Gleichgewicht zwischen den Kräften ist gestört. Auf einmal strömt die Luft nicht mehr genau im Kreis um das Hoch oder Tief herum, sondern wird zum tieferen Druck hin abgelenkt. Der Wind weht also gegen den Uhrzeigersinn spiralförmig in das Tief hinein und mit dem Uhrzeigersinn spiralförmig aus dem Hoch heraus, kurz: vom Hoch ins Tief. Aus dieser Tatsache leitet sich auch das „Barische Windgesetz" ab: „Kehrt man dem Wind den Rücken zu, so liegt in Blickrichtung des Beobachters vorne links das Tief und hinten rechts das Hoch."

Wenn sich der Wind dreht, kommt ein Wetterumschwung

Wind aus jeder Himmelsrichtung bringt sein eigenes Wetter mit: Bei Ostwind ist es meist trocken, Wind aus Südwesten bringt in Deutschland feuchtwarme Mittelmeerluft und der Nordwestwind führt zu einem Temperaturrückgang.

Manchmal dreht sich aber auch der Wind, ohne dass sich am Wetter etwas ändert. Damit sind lokale Windphänomene wie Land- und Seewind oder Berg- und Talwind gemeint. Diese lokalen Winde drehen je nach Stand der Sonne ihre Richtung und haben daher einen sich wiederholenden Tagesgang.

Ein Beispiel: Ein Tag am Strand, es ist eigentlich immer windig. Dort kommt tagsüber der Wind vom Wasser zum Land (Seewind) und nachts vom Land zum Meer (Landwind). Diese Drehung des Windes liegt daran, dass sich die Landmasse tagsüber schneller aufheizt als das Wasser. Über dem Land steigt die warme Luft auf und weht in der Höhe zum Wasser. Über dem Wasser kühlt sie sich wieder ab, sinkt ab und weht dann nahe der Erdoberfläche vom Wasser wieder zurück ans Land. Eine geschlossene Zirkulation baut sich auf, die den ganzen Tag anhält. Wenn die Sonne abends dann untergeht, kühlt sich das Land schneller ab als das Wasser, da Letzteres eine höhere Wärmekapazität hat. Dementsprechend dreht sich auch die Zirkulation um, ist aber nachts durch den fehlenden Motor Sonne schwächer.

Der Berg- und Talwind sind etwas komplizierter. Bei Sonnenaufgang wird die Luft über den besonnten Berghängen stärker erwärmt als die Luft, die sich auf gleicher Höhe über dem Tal befindet. Am Hang entsteht nun ein thermisch angetriebener Hangaufwind. Die aufsteigende Luft muss aber von unten ersetzt werden. Das geschieht, indem Luft aus dem Tal zu den Bergen strömt, ein Talwind setzt ein.

Dieser ist am Nachmittag am stärksten, da die senkrecht stehende Sonne nun fast alle Hänge erwärmt. Geht die Sonne unter, dreht sich das System wieder um. Da die Hänge wegen ihrer größeren Oberfläche nun stärker abkühlen als das engere Tal, entstehen so Hangabwinde, die nach dem Zusammenströmen im Tal nun talauswärts den Bergwind hervorrufen.

Am großräumigen Wetter hat sich dabei nichts geändert, obwohl sich der Wind dreht.

Bauernregel zum 21. März

Wie das Wetter zu Frühlingsanfang (21. März), ist es den ganzen Sommer lang.

Stimmt und stimmt nicht: Ein einziger Tag kann nicht über das Wetter des gesamten Sommers entscheiden. Betrachtet man aber den gesamten Zeitraum um den Frühlingsanfang, so lässt sich feststellen, dass ein deutlich zu warmer Frühlingsanfang tatsächlich auf einen warmen und sonnigen Sommer hinweist. So fallen dann Juni und Juli zu etwas über 50 bis sogar 60 Prozent zu warm aus, für den August lässt sich dagegen nichts sagen. Ist es am Frühlingsbeginn zu kalt, so haben auch die Sommermonate die leichte Tendenz, etwas zu kühl auszufallen.

Flugzeuge fliegen in 10 km Höhe, weil sie dort immer Rückenwind haben

In der Tat gibt es in dieser Höhe die beiden so genannten Polar- und Subtropenjets. Dabei handelt es sich um ein Starkwindband, das einige tausend Kilometer lang, mehrere hundert Kilometer breit und einige Kilometer dick ist. Dieser starke Wind kommt durch große horizontale Temperaturunterschiede beim Übergang der polaren Luftmasse zur gemäßigten Luftmasse (Polarjet) und von der gemäßigten Luftmasse zur tropischen Luftmasse (Subtropenjet) zustande. Der Polarjet mäandriert zwischen 50 und 75 Grad nördlicher Breite und der Subtropenjet zwischen 30 und 40 Grad Nord. Dort können im Extremfall Windgeschwindigkeiten von über 600 km/h herrschen – also mehr als ein Orkanwind, der mit „nur" 120 Kilometern pro Stunde heranbraust. Aber: Diese Jets haben nur eine Richtung: Sie wehen auf der Nordhalbkugel von West nach Ost, auf der Südhalbkugel von Ost nach West. So können Flugzeuge auf der nördlichen Hemisphäre nur bei Strecken von West nach Ost den starken Wind zum Spritsparen als Rückenwind ausnutzen. Auf Wegen von Ost nach West müssen sie diese Starkwindbänder natürlich meiden. Da die Windbänder um die Erdkugel mäandrieren, sich also von oben betrachtet wellenartig um die Erdkugel legen und dabei die Wellentäler und -berge mal hierhin, mal dorthin verlaufen, müssen die Flugstrecken westwärts fliegender Flugzeuge entweder verlegt werden oder das Flugzeug muss tiefer fliegen.

In der Praxis zeigt sich oft, dass enge Flugpläne und wie Autobahnen verlaufende, festgelegte Flugstrecken dies nicht zulassen. Daher kommen eben Flugzeuge manchmal verspätet, manchmal viel eher am Ziel an.

Die Tageszeiten wirken sich nicht auf die Windstärke aus

Das ist ein Irrtum: Böigkeit und Windgeschwindigkeit sind sehr wohl davon abhängig, ob es Tag oder Nacht ist. So ist der Wind tagsüber am Boden böiger und stärker als in der Nacht. In der Höhe ist das umgekehrt.

Warum? Am Tag gelangen wegen der besseren Austauschbedingungen (starke Turbulenzen durch die Sonneneinstrahlung) viele Luftpakete aus der langsamen bodennahen Strömung in die schnellere Höhenströmung und bremsen diese ab. Umgekehrt sinken gleichzeitig viele schnelle Luftpakete aus der Höhe zu Boden und beschleunigen auf diese Weise die langsamere Bodenströmung. Daher ist es am Boden tagsüber böiger bei stärkerem Wind, während es in der Höhe ruhiger einhergeht.

Nachts findet dieser Austausch nicht statt und eine gegenseitige Beeinflussung der Luftpakete in Bodennähe und in der Höhe ist nicht möglich. Durch die fehlende Bremswirkung der aufsteigenden langsameren Bodenströmung steigt die Windgeschwindigkeit in der Höhe wieder, während sie in Bodennähe abnimmt.

Windbruch hängt allein von der Windstärke ab

Starker Wind knickt Bäume um, aber nicht allein deshalb, weil er so stark ist. Ihm kommt ein physikalischer Effekt zur Hilfe. Wie viel Winddruck auf einer Fläche wirkt, hängt wesentlich von der Form des angeströmten Körpers ab. Eine Kugel besitzt beispielsweise nur 40 Prozent des Widerstandes einer ebenen Fläche, ein Stromlinienkörper sogar nur ganze fünf Prozent. Baumkronen verformen sich bei Windbelastung so, dass sie im Grundriss annähernd Stromlinienform annehmen. So minimieren sie ihren Widerstand. Folglich: Der Winddruck allein kann also keinen Baum zum Umstürzen bringen. Was ist es dann? Wenn Wind über eine Fläche hinwegströmt, tritt auch eine Sogwirkung auf. Ein physikalisches Gesetz von Bernoulli beschreibt diesen Effekt so: Der Luftdruck an einer Fläche, an der der Wind vorbeipfeift, sinkt umso schneller, je schneller der Wind ist – nämlich im Quadrat zur Windgeschwindigkeit. Das heißt, je schneller der Wind, desto größer die Sogwirkung. Daher kann eine vermeintlich durch Winddruck zerstörte Fensterscheibe oder Jalousie also ebenso gut durch die Sogwirkung einer vorbeipfeifenden Böe verursacht worden sein.

Nicht zuletzt sind es die zu der Sogwirkung hinzukommenden Böen, die Bäume entwurzeln und Häuser zum Einsturz bringen. Jede Böe bewirkt nämlich, dass Objekte ins Schwingen kommen. Treffen nun mehrere Böen in einem bestimmten Abstand hintereinander auf einen Ast oder Baum kann es zu einem Aufschaukelungsprozess kommen, dem dieser schließlich nicht mehr gewachsen ist – der Ast oder Baum bricht. Der Vorgang ist im Prinzip der gleiche wie bei einer Schaukel. Dort wird durch die Bewegung der Beine jedes Mal nur ein kleiner Impuls gesetzt. Da dieser aber immer in einem bestimmten, gleichen Moment kommt, wird der Schaukel ständig Energie zugeführt: Sie schwingt immer höher und höher.

Monsun gibt es nur in Asien

Monsune sind beständig wehende Winde, die halbjährlich ihre Richtung wechseln. Sie treten hauptsächlich zwischen 30 Grad nördlicher und 30 Grad südlicher Breite auf. Am bekanntesten sind der trockene Wintermonsun und der regenreiche Sommermonsun Indiens.

Aber es gibt auch einen europäischen Monsun. Damit bezeichnet man die von April bis Juli in Mitteleuropa vorherrschenden Nordwestwinde, die allerdings nicht so beständig wie der asiatische Monsun sind. Diese Nordwestwinde sind gekoppelt an die ostwärts ziehenden Tiefdruckgebiete und leiten so in unregelmäßiger Folge kalte Meeresluft zum Festland. Die Häufung dieser Winde in der warmen Jahreszeit hängt mit der Erwärmung des eurasischen Kontinents zusammen. Dann steigt warme Luft auf und von Nordwesten wird bodennah kühlere Luft nachgeführt. Der Unterschied zu den tropischen Monsunen besteht jedoch darin, dass unser europäischer Monsun nicht die Windrichtung wechselt.

Überall, wo es große Flächen mit über 26 °C warmem Wasser gibt, können sich Tropenstürme bilden

Die Nahrung für Tropische Wirbelstürme besteht aus Wasserdampf, und das in großen Mengen. Damit solch große Mengen an Wasserdampf überhaupt vorliegen können, muss die Wassertemperatur bei über 26 Grad Celsius liegen und die Wasserfläche muss sehr groß sein. Beispielsweise wären die Nord- und Ostsee zu klein. Diese Bedingungen sind natürlich in den tropischen Breiten gegeben. Beim Betrachten der Zugbahnen Tropischer Wirbelstürme fällt aber auf: Zu beiden Seiten des Äquators, etwa bis sechs Grad nördliche und südliche Breite, ist es immer tropensturmfrei, obwohl das Meer dort ausreichend warmes Wasser als Nahrung für Tropenstürme bietet. Die Tropenstürme haben in diesen äquatornahen Breiten einen „Gegner". Die Corioliskraft ist dort zu gering, um Wirbelbewegungen auszulösen. Ein Tropensturm, der in Richtung Äquator driftet, würde sich einfach auflösen. Die meisten Tropischen Wirbelstürme werden am Südrand des Subtropenhochs nach Westen gesteuert und schwenken dann in eine polwärts gerichtete Bahn ein.

Bauernregel vom 1. April, Hugo

Am ersten kann man ganz vermessen, die Wetterkarte gleich vergessen.
Stimmt nicht: Die Wetterkarte als netter Aprilscherz! Hier wird wohl eher auf die armen Meteorologen „eingeschlagen", deren Wettervorhersage ja eh nie stimmt.

Ein Tropensturm kann von der Nord- auf die Südhalbkugel ziehen

Muss man Angst haben vor verheerenden Hurrikans, die vom Nord- auf den Südatlantik ziehen, oder kann ein Mauritiusorkan zum Horn von Afrika in Somalia vordringen? Selbst wenn dieses über großräumige Windsysteme möglich wäre – keiner dieser tropischen Stürme würde diese Wanderung überleben.

Auf der Nordhalbkugel drehen sich Tiefs und Tropenstürme gegen den Uhrzeigersinn, auf der Südhalbkugel mit dem Uhrzeigersinn. Angetrieben wird diese Drehung durch die jeweils dort herrschende Corioliskraft. Diese Wirbelkraft ändert also von der Nord- auf die Südhalbkugel ihre Richtung. Und genau am Äquator wird die Corioliskraft zu Null, verschwindet also. Doch die Stürme erlöschen vor dem Erreichen des Äquators: Schon sechs Grad nördlicher oder südlicher Breite reicht seine Kraft nicht mehr aus, einen Wirbel am Leben zu erhalten. Damit ist das Überqueren des Äquators für einen Wirbelsturm eine völlig aussichtslose Sache, er würde sich schon weit vorher in Wohlgefallen auflösen.

Bauernregel vom 3. April, Richard

Der April tut was er will, mal sonnig, mal nasskalt, das ändert sich stündlich bald.

Stimmt: Nichts ist treffender als das. Mit dem steigenden Sonnenstand erwärmt sich der Kontinent recht schnell, während das Wasser der Meere und die Polargebiete noch winterlich kalt sind. Es treffen also zunehmend warme und kalte Luftmassen aufeinander. Damit kommt es unmittelbar zum „Konflikt". Hoch- und Tiefdruckgebiet können sich in diesen „turbulenten" Zeiten nicht sehr lange halten. Je nach Richtung der Luftströmung setzt sich kalte oder warme Luft durch, und das im raschen Wechsel.

Fallwinde sind immer warme Föhnwinde

Am bekanntesten ist bei uns der Föhn, der auf der Nordseite der Alpen als warmer und trockener Fallwind das dortige Klima an vielen Tagen des Jahres bestimmt. Muss Luft ein Hindernis überwinden, kühlt sie sich beim Aufsteigen von je 100 Metern Höhenunterschied um etwa 1 Grad Celsius ab. Erreicht sie nun eine Höhe, in der der vorhandene Wasserdampf zu Wolkentröpfchen kondensiert, erniedrigt sich die Abkühlungsrate auf etwa 0,6 Grad Celsius pro 100 Meter Höhe. Das liegt an der frei werdenden Kondensationswärme. Im Luv (das ist die windzugewandte Seite, auf die der Wind „draufweht") des Hindernisses beginnt es nun zu regnen, im Lee (der windabgewandten Seite) kommt die Luft also wesentlich trockener an. Bei ihrem Abstieg erwärmt sie sich alle 100 Meter wieder um 1 Grad Celsius: Ein trockener und warmer Föhn ist geboren.

Aber nicht immer reicht die Höhe eines Hindernisses aus, um einen warmen Fallwind hervorzubringen. Ein klassisches Beispiel ist die Bora an der dalmatinischen Küste. Sie entsteht, wenn kalte Festlandsluft aus Osteuropa oder dem Balkan von einem Tief südlich der Alpen angesaugt wird. Aber das Karstgebirge ist nicht sehr hoch, das föhnartige Absteigen der Luft reicht nicht aus, um den kalten Charakter der Bora wesentlich abzuschwächen.

Ob ein Fallwind warm oder kalt ist, hängt von der Höhe ab, aus der er fällt.

Die Flutwelle eines Hurrikans wird durch seinen extrem niedrigen Luftdruck ausgelöst

Trifft ein Hurrikan auf Land, so kommt es meist zu verheerenden Überflutungen. Ursache dafür sind zum einen die teils meterhohen Wellen vom Meer, zum anderen die sintflutartigen Regenfälle.

Die Sturmflut bei einem Hurrikan kann in Extremfällen bis zu 10 Meter Höhe erreichen. Als der Hurrikan „Katrina" am 29. August 2005 an der Golfküste des US-Bundesstaates Mississippi an Land zog, stieg das Wasser in einigen Buchten um mehr als 35 Fuß und damit um mehr als 10 Meter an.

Der niedrige Kerndruck des Hurrikans bestimmt aber nur zu einem ganz kleinen Prozentsatz eine solche Sturmflut. Bei einem Hurrikan mit einem Kerndruck von 900 hPa wird das Wasser allenfalls nur etwa um einen Meter angehoben. Der größte Teil der Sturmflut, etwa 85 Prozent der Wassermassen, die auf das Land geschoben werden, wird durch den Wind ausgelöst, der die Wassermassen vor sich herschiebt. Da sich ein Hurrikan gegen den Uhrzeigersinn dreht, ist das in Zugrichtung gesehen auf dessen rechter Seite der Fall. Die Höhe der Sturmflut hängt zudem noch von der Beschaffenheit der Küste, dem Auftreffwinkel, der Zuggeschwindigkeit des Hurrikans und der Windstärke ab.

Hurrikans lösen sich an Land wegen der hohen Reibung auf

Kaum trifft ein Hurrikan auf Land, beginnt er sich abzuschwächen und langsam aufzulösen. Das liegt aber nicht ausschließlich an der höheren Reibung, sondern daran, dass der Tropensturm regelrecht auf dem Trockenen sitzt. Ihm fehlen Feuchte und Wärme, die ihm der Ozean geliefert hat. Ohne diese aufsteigenden Luftmassen können sich keine neuen Gewitter in Zentrumsnähe bilden und dem Hurrikan geht dadurch regelrecht die Puste aus.

Richtig ist, dass die zunehmende Bodenreibung und der dämpfende Effekt durch Vegetation und Bebauung den Mittelwind abschwächen. Aber die Reibung hat wiederum einen anderen Effekt. Die Böen werden stärker, weil die Turbulenzen zunehmen und so die noch sehr starken Winde aus höheren Luftschichten in kurzen Schüben von wenigen Sekunden bis zum Boden heruntermischen. Der Sturm löst sich zwar allmählich auf, bringt aber noch ziemlich starke und zerstörerische Windböen.

Im Zentrum des Hurrikans sind die größten Windgeschwindigkeiten

In einen Hurrikan zu geraten, ist nicht gerade eine beruhigende Vorstellung. Wenn man die Wahl hätte, würde man darauf verzichten, müsste es dennoch sein, sollte man in Zugrichtung gesehen die rechte Seite des Sturmes meiden.

Denn nicht innen drin, sondern rechts außen sind die Windgeschwindigkeiten am größten. Genau wie ein Tief auf der Nordhalbkugel dreht sich ein Hurrikan gegen den Uhrzeigersinn und das gesamte System bewegt sich fort. Wenn der Tropensturm also nach Westen zieht, dann ist seine rechte Seite die Nordseite (immer in Zugrichtung schauen). Diese Zuggeschwindigkeit addiert sich zu der Windgeschwindigkeit auf der rechten Seite und vermindert den Wind um diesen Betrag auf der linken Seite des Sturms. Ein Hurrikan, der mit etwa 15 km/h daherzieht, dürfte bei mittleren Windgeschwindigkeiten von 145 km/h auf seiner rechten Seite Windgeschwindigkeiten bis zu 160 km/h, auf der linken Seite dagegen nur etwa 130 km/h haben. Auf der Südhalbkugel ist es umgekehrt. Dort lauern die stärksten Winde auf der linken Seite des Sturms.

Im Auge des Hurrikans ist es wärmer, weil dort die Sonne scheint

Der Durchmesser des Auges beträgt meist 30 bis 60 Kilometer. Dort ist es ruhig und meist wolkenlos. Es ist angefüllt mit warmer und trockener Luft. In höheren Schichten, also in über 10 Kilometer Höhe, kann die Luft im Auge 10 Grad Celsius wärmer sein als in der Umgebung. Die relativ hohen Temperaturen innerhalb des Auges entstehen aber nicht durch den Sonnenschein, sondern durch starkes Absinken der Luft.

Sinkt Luft ab, so muss sie einem physikalischen Gesetz Folge leisten: Die Luft gerät unter größeren Druck und das erzeugt Wärme. Daher steigt die Temperatur alle 100 Meter um 0,6 bis 1 Grad Celsius.

Das Auge des Hurrikans entsteht, weil die Wolken durch die Rotation nach außen gedrückt werden

Man darf sich jetzt keinen Wolkenbatzen vorstellen, den man in eine Wäscheschleuder steckt und der dort regelrecht auseinander gewirbelt wird, so dass die Wolken am Rande der Trommel kleben.

Die Zentrifugalkraft transportiert vielmehr die Luft aus dem Zentrum des Sturms in die so genannte eyewall (das ist die hoch aufgetürmte Gewitterwand um das Auge herum). Dadurch fällt zum einen der Luftdruck im Inneren des Sturms. Daher muss nun Luft aus der Höhe nach unten absinken. Andererseits sorgt die Gewittertätigkeit in der eyewall durch ihr starkes Aufsteigen ebenfalls für ein Luftdefizit im Inneren des Sturms. Das Absinken höherer Luftmassen verstärkt sich und löst beim Absinken die Wolken im Inneren des Sturms auf, das Auge ist entstanden. Allerdings müssen diese Vorgänge noch näher untersucht werden, um herauszufinden, welcher dieser beiden Prozesse vorherrschend ist.

Hurrikans gibt es nur im Sommer bei hohen Wassertemperaturen

Rein aus dem Bauch heraus würde man die Hauptaktivität der Hurrikans gerade zu der Zeit mit der stärksten Sonneneinstrahlung, also Ende Juni, in Verbindung bringen. Die Hauptaktivität der Hurrikans liegt zwar im Sommer, aber auch im Frühling oder Herbst sind grundsätzlich Hurrikans möglich. Die Saison startet im Mai und endet im November. Es dauert einige Wochen, bis die Ozeane ihre höchsten Jahrestemperaturen aufweisen. Wasser kann zwar super Wärme speichern, braucht aber seine Zeit dazu.

Damit ein Hurrikan überhaupt entstehen kann, müssen aber noch mehr Faktoren zusammenkommen, und das ist in diesen Monaten am wahrscheinlichsten: Warmes Meerwasser mit mindestens 26 Grad Celsius, eine tropische Luftmasse, in der sich leicht starke Gewitter bilden, geringe Windunterschiede mit der Höhe und eine Menge an Drehimpuls. Letzteren bekommen die Keimzellen der Hurrikans durch die so genannten easterly waves. Das ist eine Zirkulation in der tropischen Atmosphäre, die vom nordafrikanischen Kontinent ausgeht. Sie werden normalerweise zuerst im April oder Mai beobachtet und treten bis in den Oktober oder November hinein auf. Daher sind auch Hurrikans sehr früh oder sehr spät im Jahr zu beobachten, selbst wenn das Wasser noch gar nicht die optimale Temperatur erreicht hat.

Föhnwind ist Gift

Bei Föhnwetterlagen leiden viele wetterempfindliche Menschen. Der warme und extrem trockene Fallwind führt bei vielen Personen zu Kopfschmerzen, teils auch zu aggressivem Verhalten. Aber mit giftigen Gasen hat der Föhn an sich nichts zu tun.

Trotzdem hielt man den Föhn für lange Zeit für einen „Gifthauch" und wahrscheinlich hat er wirklich viele Menschen „vergiftet", schwer erkranken und sogar sterben lassen. Heute ist auch klar, warum man in der Vergangenheit von einem Gifthauch sprach. Damals hatte man in den Hütten und Häusern der Bergbauern offene Herde und Kamine. Stürzte nun der Föhnwind in die Täler, so drückte er den Rauch und alle anderen giftigen Gase wieder zurück in die Wohnstuben. Die Diagnose eines heutigen Arztes würde lauten: „Kohlenmonoxidvergiftung!"

Bauernregel vom Mai

Mai kühl und nass füllt dem Bauern Scheuer und Fass.

Stimmt: Regen ist genau das, was im Mai die im Herbst zur Aussaat ausgebrachten Getreidesorten brauchen, um im Sommer in voller Pracht dazustehen.

Föhn erhöht die Unfallgefahr

Gemäß einer Volksumfrage in der Münchner Fußgängerzone über den Föhn sagte einmal ein Busfahrer: „Heit is Föhn, heit. Da fahrns wia die Wuiden, die G'scherten die." Gibt es tatsächlich mehr Unfälle bei Föhnwetterlagen? Eine Studie belegt etwas anderes: Weniger Verkehrsunfälle bei Föhn, allerdings steigende Zahl von Selbstmordversuchen. So sinkt die Zahl der Verkehrsunfälle bei Föhn um zehn Prozent und die der Rettungseinsätze, bei denen Alkohol oder Drogen eine Rolle spielen, sogar um ein Drittel. Die Zahl von Selbstmordversuchen und Einweisungen in die Psychiatrie steigt hingegen bei Föhn um 20 Prozent.

Anders als Föhntage haben es heiße Tage dagegen so richtig in sich: Polizei und Rettungsteams haben an heißen Tagen 17 Prozent mehr Einsätze bei Verkehrsunfällen, um mehr als ein Viertel höhere Unfallzahlen in Betrieben, Haushalten und auf dem Schulweg – und eine erschreckende Zunahme von Gewaltdelikten um 75 Prozent. Das fand die Diplom-Meteorologin Eva Wanka von der Universität München heraus, die über ein Jahr lang akribisch die Auswirkungen des Wetters auf Verkehrs- und Arbeitsunfälle, Herzinfarkte, Selbstmorde und Gewalttaten untersuchte.

Die Zerstörungskraft von Tornados beruht auf dem Unterdruck im Rüssel

Ein Tornado ist ein kleinräumiger Wirbelsturm, bei dem aus einer Gewitterwolke ein Rüssel zum Boden herunterwächst. Tornados kommen überall auf der Welt vor, auch in Deutschland. Jährlich gehen die Experten von Tordach (www.tordach.org) von geschätzten 30 Tornados in Deutschland aus. Das klingt viel, aber nicht jeder Tornado sorgt in einer Großstadt für schwere Zerstörungen. In ländlichen Gegenden fallen beispielsweise dabei nur ein paar Bäume um wie bei einem schweren Gewitter. In Deutschland gab es den verheerendsten Tornado im Juli 1968 in Pforzheim mit einer 27 Kilometer langen Spur der Verwüstung. Die meisten Tornados toben sich allerdings im Mittleren Westen der USA aus. Insgesamt gibt es in den USA bis zu 1.200 Tornados im Jahr, die Hälfte davon entlang der so genannten „tornado alley" in Texas, Oklahoma, Kansas und Nebraska.

Im Rüssel oder Wirbel des Tornados herrscht ein starker Unterdruck, der zu einer Abkühlung der Luft führt. Der Wasserdampf in der Luft kondensiert und so wird der Tornado an sich erst sichtbar. Die langjährige Meinung, der starke Unterdruck im Inneren des Wirbels, der um 40 bis 60 hPa unter dem normalen Luftdruck liegt, lasse Häuser regelgerecht explodieren, wenn der Tornado über sie hinwegzieht, ist wissenschaftlich nicht mehr haltbar. Dieser Unterdruck kann keine massiven Häuser zerstören, höchstens einmal zu herausgedrückten Fenstern führen. Die Zerstörungskraft des Tornados liegt vor allem an der Kraft des Windes. Nähert sich ein Tornado einem Haus, so treten um dieses durch die hohen Rotationsgeschwindigkeiten am Rüssel kleinräumig in rascher Folge sehr unterschiedliche Druck- und Sogwirkungen auf. Für diese sehr schnell auftretenden und unterschiedlichen Belastungen sind Häuser nicht konstruiert. Werden durch den Winddruck Fenster und Türen eingedrückt, sorgt der Wind bei freiem Zugang im Haus für einen enormen Überdruck und zu Schäden, die früher fälschlicherweise dem Unterdruck im Rüssel zugeordnet wurden.

Ab sehr hohen Windgeschwindigkeiten von über 250 km/h sorgen umherfliegende Teile für große Schäden. Immerhin wurden in einem Tornado am 3. Mai 1999 in Oklahoma als höchste Windgeschwindigkeit 496 km/h gemessen. Selbst kleinste Gegenstände werden dabei zu Geschossen. Die Lebensdauer eines Tornados beträgt wenige Sekunden bis zu einer Stunde, im Schnitt zehn Minuten.

Ein Tornado zieht mit der Mutterwolke mit und bewegt sich mit ungefähr 50 km/h über Grund. Die Geschwindigkeit über Grund steht in keinem Verhältnis zur Rotationsgeschwindigkeit im Wirbel. Der Durchmesser des Wirbels kann von einem bis zu 500 Metern reichen, in Ausnahmefällen auch bis zu einem Kilometer. Auch wenn die Tornadobilder im Fernsehen noch so spektakulär aussehen und ein gewisses wissenschaftliches Interesse besteht, möchte ich so ein Ding nie live erleben müssen.

Föhn verspricht immer „gutes" Wetter

Der Föhn ist ein warmer Fallwind, der bei uns vor allem aus den Alpen bekannt ist. Wenn in Bayern mit Föhn die Sonne scheint, gibt's in Südtirol Dauerregen. Wenn die Alpen von einem Süd- oder Südwestwind überströmt werden, steigt warme, feuchte Luft an den Südtiroler Bergen auf und es bilden sich Wolken. Beim Überströmen der Berge regnen sich die Wolken dann dort mit Dauerregen ab. Auf der bayerischen Seite hingegen strömt die Luft als warmer Fallwind die Berge hinunter. Da fast die gesamte Feuchtigkeit auf der Südtiroler Seite geblieben ist, hat die Luft einen Gewinn an Wärme gemacht. Das ist die so genannte latente Wärme, die frei wird, wenn Wasserdampf zu Wasser kondensiert. Umgekehrt kennen wir das ja vom Kochen: Um Wasser zu verdampfen, muss kräftig Energie zugeführt werden. Dieser Zuschlag an latenter Wärme geht beim Absinken auf der bayerischen Seite nicht verloren. Dort muss nämlich keine Energie für die Umwandlung von Wasser zu Wasserdampf aufgewendet werden, denn die Luft ist trocken. So kommt der Wind in Bayern deutlich wärmer und trockener an als er auf der Südtiroler Seite gestartet ist. Oft und vielmals sorgt der Föhn in Bayern für Bilderbuchwetter, nur leider nicht immer.

Der Föhn weht auch oft mit voller Orkanstärke durch die Täler. Gerade im Winter schmilzt der Schnee dann in Null-Komma-Nix, da die Temperatur von unter 0 Grad Celsius plötzlich auf bis zu plus 15 Grad Celsius steigen kann. Da die Luft sehr trocken ist, taut der Schnee nicht nur, sondern er verdunstet auch in hohem Maße (Sublimation).

Viele Menschen leiden auch unter dem Föhn. Meistens wird angenommen, dass Konzentrationsschwäche, Nervosität und Kopfschmerzen durch die sehr trockene Luft verursacht werden. Nach neuesten Untersuchungen gelten kleine Änderungen des Luftdrucks als Verursacher der Beschwerden. Aus meiner Studienzeit in München weiß ich aber, dass den meisten Menschen in Bayern der Föhn gefällt. Denn wo sonst ist es im Januar oder Februar möglich, im Biergarten zu sitzen und sich eine Maß schmecken zu lassen. An solch einem Tag kommt so mancher Biergartenbesucher auch unfreiwillig ins Fernsehen, denn so etwas ist immer einen Beitrag wert.

Bauernregel vom 9. Mai, Volkmar
Nordwind im Mai, bringt Trockenheit herbei.
Stimmt: Mit Wind aus Norden wird im Mai frische polare Luft herangeführt. Diese Luft ist kalt und somit trocken. Auch mit viel Sonnenschein schaffen es die Temperaturen dann vielleicht nur auf maximal 15 Grad Celsius. Nachts droht Frost. Dies ist eine typische Wetterlage für die Eisheiligen.

Es kann nur bei einem Tief regnen oder schneien.

Der klassische Schneesturm in Nordamerika ist der Blizzard. Er wird hervorgerufen durch ein Tief, auf dessen Rückseite kalte Luft bis weit nach Süden vordringen kann. Bei Temperaturen von minus 12 Grad Celsius ist es stürmisch. Es treten Windstärken von acht Beaufort auf, das entspricht einer Windgeschwindigkeit von ca. 60 bis 75 km/h, und es fällt jede Menge Schnee: Alles zusammen sorgt dann oft für ein einziges Schneechaos mit hohen Schneeverwehungen.

Solch ein Schneechaos kann aber nicht nur bei einem Tief, sondern auch bei einem Hoch stattfinden. An den Großen Seen in den USA verdunsten an einem sonnigen Wintertag riesige Mengen Wasser. Diese wasserdampfreiche Luft steigt bis zur so genannten Inversionsschicht des Hochs auf. Dort wird der normale Temperaturverlauf, nach oben wird es kälter, auf den Kopf gestellt, denn in dieser Schicht wird es wärmer. Von unten aufsteigende Luft kann in der Regel die Inversionsschicht nicht durchdringen und breitet sich deshalb unterhalb dieser Schicht aus. Ist diese Luft auch noch sehr feucht, bilden sich Schneekristalle. Rund um die Großen Seen kann es deshalb kräftig schneien, 50 Zentimeter Neuschnee in wenigen Stunden kommen dann vor. Das Schneechaos ist perfekt, obwohl auf der Wetterkarte nur ein Hoch zu sehen ist und eigentlich mit ruhigem Winterwetter zu rechnen wäre – so etwa geschehen am 21. und 22. Januar 2005.

In kleiner Form gibt es so etwas auch bei uns. In der Nähe von Kraftwerken mit großen Kühltürmen fällt auch bei uns im Winter trotz Hochdruckwetter so genannter Industrieschnee.

Gewitter mit Blitz und Donner

Blitze schlagen von oben nach unten ein

Ein Blitz ist ein Austausch negativer und positiver Ladungen zwischen den Gewitterwolken selbst oder einer Gewitterwolke und dem Erdboden. Meist findet dieser Austausch an hohen Bauwerken statt – man spricht dann davon, dass der Blitz im Kirchturm eingeschlagen ist. Genau betrachtet geht der Blitz aber von der Kirchturmspitze selber aus.

Bevor es zu einem Hauptblitz kommt, entwickeln sich so genannte Vorblitze. Durch die hohe elektrische Feldstärke zwischen der Wolke und dem Erdboden bewegen sich negative Ladungsträger (das können ionisierte Luftteilchen, Tröpfchen oder Aerosole sein, beispielsweise auch ein Sauerstoffmolekül, das ein Elektron zu viel hat) mit sehr hoher Geschwindigkeit von etwa 150 Kilometer pro Sekunde von der Wolke nach unten. Das erfolgt nicht kontinuierlich, sondern in Sprüngen. Denn diese Vorentladungen dauern etwa 0,01 Sekunden und legen dabei eine Strecke von etwa 50 Metern zurück. Danach haben sie eine kurze „Verschnaufpause", die etwa zwischen 0,03 und 0,05 Sekunden dauert, dann erfolgt eine neue Entladung. Weil sich hierbei auch die Bewegungsrichtung im Blitz ändert, entstehen die vielen Verzweigungen. Sehr schnell hat der Vorblitz den Erdboden erreicht und somit einen mit negativen Ladungsträgern gefüllten Kanal von etwa einem Meter Durchmesser geschaffen, der nur sehr schwach leuchtet.

Hat die Spitze des Vorblitzes den Erdboden fast erreicht, kommt es zum elektrischen Überschlag oder Kurzschluss, dem Hauptblitz. Dies erfolgt meist von Objekten wie Kirchtürmen aus, die ihre Umgebung weit überragen. Dabei springt ein entgegengesetzter Ladungsträger von einem hohen Objekt durch den Ladungskanal, den der Vorblitz geschaffen hat, dem Vorblitz entgegen. Das nennt man Fangladung. Man kann sich das im übertragenen Sinn wie zwei

Magnetpole vorstellen, die sich auf einmal, wenn sie sich nahe genug gekommen sind, plötzlich und abrupt anziehen. Dieser Überschlag stellt einen Kurzschluss dar, der von unten nach oben jagt. Die „Vorarbeit" bei einem Blitzeinschlag kommt also von oben, während der eigentliche Blitz von unten nach oben geht.

Bauernregel vom 27. Juni, Siebenschläfer

Regnet's am Siebenschläfer-Tag, es noch sieben Wochen regnen mag.
Diese Wetterregel muss man ganz differenziert betrachten. Statistiken belegen, dass zu 61 Prozent Wahrscheinlichkeit das Wetter in den sieben Folgewochen so ähnlich aussehen wird. Auf nasse Tage um Siebenschläfer (wobei man immer den gesamten Zeitraum um diesen Lostag betrachten muss) folgt ein zu nasser Sommer und umgekehrt. Auf trockene Tage um Siebenschläfer folgt in München zu etwa 80 Prozent ein trockener Hochsommer. In Hamburg hingegen kann man diesbezüglich keine Aussage treffen, da dort häufiger Regengebiete durchziehen. Die Siebenschläferregel trifft also eher im Binnenland zu, wo häufiger Hochdruckeinfluss herrscht.
In diesem Zeitraum Ende Juni entscheidet es sich in der Atmosphäre, wo die Luftmassengrenze zwischen subtropischer Warmluft und polarer Kaltluft liegen wird. Je nördlicher diese Grenze in Europa verläuft, umso öfter bekommt Mitteleuropa Hochdruckeinfluss. Und Hochs halten sich ja bekanntlich länger als Tiefs.

Beim Donner prallen Luftmassen oder Wolken aufeinander

Der Philosoph Aristoteles (384 bis 322 vor Christus) nahm noch an, dass Donner durch das Aufeinanderprallen von feuchten und trockenen Luftmassen entstehe. Im Grunde genommen hat er richtig beobachtet, dass Gewitter letztendlich dadurch entstehen. Aber der Donner selbst hat eine ganz andere Ursache und ist, entgegen dem persönlichen Empfinden, das er auslöst, absolut harmlos.

In einem Blitzkanal fließt Strom mit einer Stärke von 10.000 bis 30.000 Ampere. Die Luft im Entladungskanal wird dadurch bis auf 30.000 Grad Celsius aufgeheizt. Dadurch entsteht in diesem Kanal ein Druck von über 100 bar. Zum Vergleich: 1 bar ist der normale Luftdruck am Boden. Die unter so hohem Druck stehende Luft dehnt sich explosionsartig aus – es donnert.

Bei dieser explosionsartigen Ausdehnung der Luft kommt es zu einem so genannten Drucksprung. Das ist der Druckunterschied zum normalen Luftdruck, den die Luft aus dem Blitzkanal überwinden muss. Dieser Drucksprung breitet sich mit Schallgeschwindigkeit aus – daher ist der Donner im Umkreis um seinen Entstehungsort zu hören, wird aber mit zunehmender Entfernung leiser. So beträgt der Drucksprung in 5 Meter Abstand zum Blitzkanal nur noch 0,8 bar, in 300 Meter Abstand nur noch ein Tausendstel bar. Da jedoch das menschliche Ohr noch Druckunterschiede von einem Millionstel bar als Geräusch wahrnehmen kann, hört man den Donner selbst in einigen hundert Metern Abstand vom Blitzkanal noch deutlich als lauten Knall.

Durch die Elektrizität bei Gewittern wird die Milch sauer

Milch und Sahne werden bei Gewitterstimmung nicht schneller sauer als sonst. Denn elektrisch aufgeladene Teilchen haben nichts an sich, dass die Milch kippen lässt.

Wenn etwas eine Wirkung auf Milch und Sahne hat, dann sind es die hohen Temperaturen, die im Sommer bei Gewittern üblich sind. Denn je wärmer es ist, desto eifriger vermehren sich die Bakterien in der Milch. Da reicht es dann manchmal schon im Sommer, wenn die Milch oder Sahne etwas zu lange auf dem Tisch stehen gelassen oder ungekühlt vom Supermarkt nach Hause gebracht wurde – und schon wird sie sauer. Früher, als die Milch noch direkt vom Bauern kam und nicht pasteurisiert wurde, wurde sie natürlich schneller sauer.

Um eine Gewitterwolke herum ist das Wetter ebenfalls schlecht

Aus einer kleinen Quellwolke wird ein Cumulonimbus, eine Gewitterwolke. Um sie herum herrscht dabei meist schönstes, sonniges Wetter. Allenfalls ein paar harmlose Schleierwolken stören den Sonnenschein. Damit eine so große Wolke wie eine Gewitterwolke überhaupt entstehen kann, braucht sie viel warme Luft. Diese steigt auf, der Wasserdampf kondensiert und die Wolke baut sich auf. Der Nachschub an feuchter und warmer Luft kommt von unten. Dabei wird die Umgebungsluft mit einbezogen und in den starken Aufwindschlauch eingesogen. Kleinere Quellwolken im Umfeld haben daher bald keine „Nahrung" mehr an warmer Luft und fallen in sich zusammen. Daher findet man im Umfeld einer Gewitterwolke meist keine oder nur noch ganz kleine Quellwolken.

Die Gewitterwolke bildet ihren Amboss aus, wenn sie bei ihrer vertikalen Ausdehnung an die Tropopause stößt. Das ist die Obergrenze unserer „Wettersphäre". Die Tropopause wirkt wie ein Deckel, die Wolke kann nicht mehr weiter und breitet sich aus. Weil dieser Amboss aus feinsten Eiskristallen besteht, bekommt der Himmel einen hohen Wolkenschleier aus dünnen Schleierwolken in 7 bis 10 Kilometern Höhe. Diese feinen Eiswolken lassen viel Sonne durch. So findet man in der Umgebung eines einzelnen isolierten Gewitters oft schönstes Wetter und kann das Schauspiel von Blitz und Donner bei einem Eis mit Sahne genießen.

Bei Gewitter soll man sich im freien Gelände flach hinlegen

Ein Gewitter zieht auf und man ist gerade mitten auf dem freien Feld. Um nicht als Blitzableiter zu fungieren, muss man sich also klein machen, am besten ganz klein oder so klein wie möglich. Man denkt vielleicht: „Am besten flach hinlegen und abwarten" – aber das ist völlig falsch und sogar lebensgefährlich!

Ein Blitzeinschlag jagt einige 100.000 Ampere in die Erde. Noch im Umkreis von 20 Metern fließt Strom durch den Boden. Befindet sich ein Mensch in diesem so genannten Spannungstrichter, überbrückt er mit der ganzen Länge seines Körpers ein Spannungsgefälle. Je weiter Hände und Füße voneinander entfernt sind, desto größer die Spannung. Das kann einen gefährlichen Stromstoß durch den Körper treiben. Flach auf den Boden legen ist genauso gefährlich wie das breitbeinige Stehen oder Gehen bei Gewitter. Man spricht von einer so genannten Schrittspannung. Also, bei Gewitter auf dem freien Feld tief in die Hocke gehen und dabei vor allem die Füße ganz eng zusammenhalten. Ein Trost: Ein Gewitter ist spätestens nach 20 Minuten vorbei.

Bauernregel vom 15. Mai, Sophie

Vor Nachtfrost bist du sicher nicht, bevor Sophie vorüber ist.
Stimmt: Diese Wetterregel ist die letzte Eisheiligenregel und gilt eigentlich nur für Süddeutschland. Bis dorthin braucht die von Norden kommende Kaltluft einfach länger.

Erst kurz vor einem Gewitter dreht der Wind auf

Die Sonne scheint, alles ist in Ordnung, und auf einmal zieht eine schwarze Wand auf. Eine Gewitterfront kündigt sich an. Aber bevor die Gewitter oder die Front wirklich da sind, können sie gewaltige Sturmwinde wie eine Vorhut vor sich herschicken. Dabei wälzt sich über mehrere Kilometer eine regelrechte Wolkenrolle über das Land, auch Böenwalze genannt, die sich um eine horizontale Achse dreht. Diese ist mit plötzlich auftretenden Spitzenböen verbunden, die teilweise Orkanstärke erreichen können.

Wo kommt diese Böenwalze her? Sobald in einer Gewitterwolke Regen einsetzt, kühlt dieser den Aufwind ab. Der Aufwind wird nun in einen kalt gewordenen Abwind verwandelt und stürzt in die Tiefe. An der Erdoberfläche angekommen, breitet sich die Kaltluft nach allen Seiten aus und hebt die dort noch immer zuströmende feuchtwarme Luft schlagartig an. Die Luftfeuchte kondensiert und in Zugrichtung bildet sich eine gewaltige Wolkenwalze, die mehrere Kilometer vor der Gewitterfront das Unheil ankündigt. Die eigentliche Gewitterfront mit ihren stürmischen Winden kommt erst später hinter der Böenwalze her.

Gewitter ohne Regen sind immer gefährlich

Bleibt der Regen aus, obwohl Blitze über den Himmel zucken und ist der Donner entweder gar nicht zu hören oder erst lange nach dem Blitz, dann ist zwar ein Gewitter unterwegs, aber nicht in der näheren Umgebung. Der Donner legt pro Sekunde 333 Meter zurück, das entspricht ganz grob einem Kilometer innerhalb von drei Sekunden. Maximal kann ein Donner 15 bis 20 Kilometer weit gehört werden. Die Reichweite hängt dabei stark von der Luftfeuchtigkeit und auch von der Windrichtung ab. Fehlt der Regen beim Gewitter, so ist das Gewitter weit genug entfernt und es kann einem in unseren Breiten eigentlich nichts passieren.

Im Mittleren Westen der USA zum Beispiel sieht dies aber anders aus. Dort fällt der Gewitterregen in so heiße Luft, dass der Regen verdampft und nicht am Boden ankommt. Bei diesen Gewittern geht die Gefahr von den Blitzen aus, die für Wald- und Flächenbrände sorgen. Ohne Regen breiten sich diese Feuer mit starkem Wind unkontrolliert aus.

Gewitter ziehen immer gegen den Wind auf

Zieht ein Gewitter auf, so frischt der Wind stark auf und kommt dabei in den Augen des Beobachters oft von hinten, weht also dem Gewitter entgegen. Das ist aber ein ganz subjektiver Eindruck, denn eigentlich ziehen Gewitter mit der Höhenströmung, also mit dem Wind in mehreren tausend Metern Höhe. Der Eindruck, das Gewitter ziehe gegen den Wind, kommt ganz einfach zustande: Man muss sich eine Gewitterwolke wie einen Staubsauger vorstellen. Warme Luft aus der Umgebung wird angesogen und steigt mit rasanter Geschwindigkeit nach oben in die Wolke. Am Boden muss das Defizit ausgeglichen werden, die Luft strömt nun von allen Seiten auf das Zentrum des Gewitters zu. Das heißt also, wenn man in Blickrichtung zum Gewitter steht, spürt man den Bodenwind von hinten und hat daher den Eindruck, das Gewitter komme gegen den Wind auf einen zu.

Buchen sollst du suchen, Eichen sollst du weichen

Blitze sind ein recht häufiges Erlebnis in Deutschland. Etwa 1,8 Millionen Blitze schlagen jedes Jahr bei uns ein. Zehn Menschen verlieren dabei jährlich ihr Leben. Der richtige Schutz vor Blitzen kann Leben retten. Als frei laufender Wanderer in Wald, Flur und auch auf Bergen ist man den Blitzen besonders ausgeliefert. Auf keinen Fall sollte da Schutz unter einem frei stehenden Baum gesucht werden, da Blitze mit Vorliebe in den höchsten Punkt der Umgebung einschlagen. Dabei ist es dem Blitz völlig egal, um welche Baumart es sich handelt. Der oben zitierte Spruch ist also falsch.

Ein Wald bietet gegenüber einem frei stehenden Baum mehr Sicherheit vor Blitzeinschlägen. Um auf der ganz sicheren Seite zu stehen, müsste der oben zitierte Spruch heißen: Buchen und Eichen weichen, Häuser und Autos suchen. In Häusern mit Blitzableitern und auch in Autos besteht keine Gefahr, vom Blitz getroffen zu werden. Das Auto ist ein so genannter Faraday'scher Käfig, auf dem die elektrische Ladung des Blitzes über die Außenhülle der Karosserie in den Boden abgeleitet wird. Im Inneren kann dem Fahrer nichts passieren. Auf Fahrrädern und Motorrädern ist man dagegen nicht sicher. Daher stellt man beides bei einem Gewitter ab und stellt sich mindestens 3 Meter davon entfernt unter oder, wenn ein Unterstand fehlt, geht mit eng aneinander gestellten Füßen in eine tiefe Hockstellung.

Der Blitz schlägt nirgends zweimal ein

Das ist ein alter Irrglaube. Bei jedem Gewitter über Stuttgart schlagen mit Sicherheit in den sehr exponiert stehenden Fernsehturm Blitze ein, nicht immer genau an der gleichen Stelle: Aber Ziel ist und bleibt dort der Fernsehturm, auch bei mehreren Gewittern hintereinander. Bei unseren eigenen vier Wänden bekommen wir in der Regel auch nicht mit, wie oft der Blitzableiter seine Dienste für unsere Sicherheit geleistet hat. Ein natürliches Ziel, wie beispielsweise ein Baum, wird wohl schwerlich mehrfach getroffen. Denn wenn er einmal richtig erwischt wurde, sofern er das überhaupt überlebt, ist er meistens danach nicht mehr der größte Baum in seiner Umgebung und demnach auch kein vorrangiges Ziel für Blitze. Am besten Sie treffen bei jedem Gewitter die gleichen Vorsichtsmaßnahmen, damit Sie ungeschoren davonkommen, auch dann, wenn Sie sich an einem Ort befinden, der nachweislich schon mal einen Blitzvolltreffer erlebt hatte.

Bauernregel vom 25. Juli, Jakob
Jakobi klar und fein, wird's Christfest frostig sein.
Stimmt nicht: Wie sich gezeigt hat, ist nach einem trockenen bzw. warmen Jakobi die Wahrscheinlichkeit für zu kalte oder zu warme Dezember- oder Februarmonate gleich. Allerdings kann der Januar dabei zu 60 Prozent Wahrscheinlichkeit zu kalt ausfallen. Frostiges Weihnachtswetter ist mittlerweile eher die Ausnahme und findet nur noch zu 30 Prozent aller Fälle statt. Wir alle kennen das Weihnachtstauwetter, das aber nirgendwo in den Bauernregeln aufgeführt ist. Da liegt es nahe zu vermuten, dass unsere Vorfahren dieses Phänomen noch gar nicht kannten.

Gewitter gibt es nur im Sommer

Gewitter gehören zum Sommer wie das Grillen von Würstchen und Steaks. Allerdings gibt es auch Wintergriller, nur sind dies im Allgemeinen deutlich weniger Menschen als im Sommer. Genauso verhält es sich mit den Gewittern. Sie sind durchaus im Winter möglich und können auch dann ziemlich heftig werden.

Gewitterwolken entstehen grundsätzlich durch feuchte aufsteigende Luft. Es gibt zwei Arten, wie Luft zum Aufsteigen gezwungen werden kann. Die Sonne heizt die Luft am Boden auf und diese kommt dadurch in Bewegung nach oben. Je höher die Lufttemperatur, desto leichter ist die Luft und umso höher kann sie aufsteigen. Das Ganze klappt besonders gut auf geneigten Flächen wie Berghängen. Deshalb gibt es im Sommer lokale Gewitter auch mit Vorliebe in den Bergen.

Der andere Weg läuft über ein Tief. In jedem Tief gibt es eine so genannte Kaltfront. Die Kaltfront bringt, wie der Name schon sagt, kalte Luft mit sich. Diese Luft ist schwerer als die Luft, die sie verdrängt. Dabei schiebt sie sich wie ein Keil unter die warme Luft und schon kommt der Prozess des Aufsteigens von Luft in Gang.

Dieser zweite Vorgang ereignet sich sommers wie winters. Wenn im Winter eine sehr ausgeprägte Kaltfront heranrauscht, können sich deshalb Wintergewitter bilden. Gewitter entstehen, wenn Luft hoch in die Atmosphäre aufsteigt. Dabei ist es vollkommen egal, zu welcher Jahreszeit dieser Vorgang stattfindet.

Schnee, Eis und Regen

Nebel gibt es nur abends oder morgens

Am häufigsten kennen wir Nebel vorzugsweise abends oder morgens, wenn es durch die Ausstrahlung kalt genug geworden ist. Mit der Ausstrahlung ist bei wolkenlosem Himmel das ungehinderte Entweichen der Wärme ins All gemeint. Aber zudem gibt es auch Nebelarten, denen die Tageszeit ganz egal ist.

Damit sich Nebeltröpfchen bilden können, muss die Luft am Boden so weit abkühlen, dass sie den Taupunkt erreicht und der Wasserdampf kondensiert. Eine andere Möglichkeit, bodennah eine hohe Wasserdampfsättigung zu erhalten, ist der Transport warmer und feuchter Luft über eine kalte Unterlage. Daraus entsteht der so genannte Advektionsnebel, der bevorzugt in Gewässer- oder Meeresnähe entsteht. Er tritt aber auch auf, wenn wärmere Luft über eine tauende Schneedecke geführt wird. Bevorzugte Jahreszeiten für Advektionsnebel sind Winter und Frühjahr, die Tageszeit hingegen ist völlig egal.

Mischungsnebel ist ebenfalls von der Tageszeit unabhängig. Er entsteht, wenn kalte Luft über eine warme Wasseroberfläche strömt. Großflächig passiert das dort, wo Meeresströmungen warmes Wasser, wie beispielsweise den Golfstrom, in hohe Breiten mit kalter Luft transportieren, etwa vor der schwedischen Westküste oder der Küste vor Galizien.

Wenn die Luft trocken ist, kann kein Nebel entstehen

Kalte Luft ist meist sehr trocken, da die Fähigkeit der Luft, Wasserdampf aufzunehmen, mit sinkender Temperatur abnimmt. Wenn aber diese trockene Kaltluft über eine warme Wasseroberfläche gelangt, erwärmt sich die auf dem Wasser aufliegende Luftschicht auf die Temperatur des Wassers. Dabei geht in dieser wärmeren Luftschicht die relative Luftfeuchte zunächst zurück und es entsteht darin ein Sättigungsverlust bzw. Wasserdampfdefizit. Dieses wird ausgeglichen, indem lebhaft Wassermoleküle aus dem Gewässer verdunsten. Gleichzeitig steigt die erwärmte Luft stellenweise auf. Dabei kühlt sie sich wieder bis zum Taupunkt ab und Mischungsnebel bildet sich. Durch immer wieder aufsteigende einzelne Luftblasen entsteht der Eindruck, das Wasser rauche. Deshalb spricht man von Seerauch.

Die Sonne löst jeden Nebel auf

Die Erwärmung der Luft ist der Hauptgrund, warum sich Nebel auflöst. Denn durch die Wärme verdunsten die Nebeltröpfchen – die Sonne muss nur lang genug scheinen.

Wogegen die Sonne nichts ausrichten kann, ist Advektionsnebel. Dieser entsteht durch feuchte Luft über einer kalten Wasseroberfläche. Der ständige Nachschub an Feuchtigkeit von der Wasseroberfläche kann tagelang anhalten. Dabei kann der Nebel so mächtig sein, dass die Sonne immer nur die obersten Nebelschichten wegheizt. Genauso schwer hat es die Sonne bei Inversionswetterlagen, wenn sich der Nebel in eine mächtige Hochnebeldecke wandelt und an der Inversion (Temperaturumkehr mit kühlen Temperaturen am Boden und wärmeren in der Höhe) einfach festhängt.

Nebel kann nur durch die Sonne aufgelöst werden

Neben der Erwärmung der Luft durch die Sonneneinstrahlung gibt es noch andere Möglichkeiten, wie sich Nebel auflösen kann.

So kann er sich beispielsweise durch Entzug von Wasserdampf aus der Atmosphäre auflösen. Dies geschieht vorwiegend durch Tau- bzw. Reifbildung. Dadurch wird die Luft trockener – und möglicherweise vorhandener Nebel löst sich auf. Das kann man besonders im Winter beobachten, wenn frischer Schnee gefallen ist. Bei wolkenlosem Wetter setzt sich auf der Schneedecke Reif ab, die Luft trocknet aus und die Sicht wird besser.

Auch Turbulenz und Wind lassen Nebel verschwinden. Wenn turbulenter Austausch einsetzt, vermischt sich Nebelluft mit der darüber liegenden trockeneren Luft, was zur Sichtbesserung und Nebelauflösung führt. Bei Windgeschwindigkeiten von über 5 Meter pro Sekunde wird in der Regel Strahlungsnebel (das ist Nebel, der bei klarem Himmel und ruhiger Luft durch Ausstrahlung, Wärmeverlust, entsteht) aufgelöst, bzw. er bildet sich erst gar nicht.

Man kann natürlich auch dem Auflösen von Nebel nachhelfen, indem man mit einem Hubschrauber über den Nebel fliegt und die Luft verwirbelt. Das hat aber nur dann Sinn, wenn sich der Nebel nicht sofort an einer nächtlichen Bodeninversion wieder neu bildet. An dieser sehr bodennahen Temperaturumkehr, die wie eine Sperrschicht wirkt, würde sich die verwirbelte Luft wieder sammeln und erneut zu einer Nebelbank werden.

Eine einfachere Lösung wären Infrarotstrahlen, mit denen man die Luft erwärmt. Diese hat man aber vergleichsweise selten zur Hand ...

Moornebel entsteht durch den hohen Wassergehalt des Moores

Bei den meisten Mooren ist die tagsüber mit Wasserdampf angereicherte Luft längst vom Wind fortgeführt, ehe die nächtliche Ausstrahlung und Abkühlung einsetzt. Moornebel entsteht also nicht durch verstärkte Verdunstung, sondern durch sehr schnelles Unterschreiten des Taupunktes, etwa bei starker nächtlicher Auskühlung. Warum aber kühlt ein Moor so schnell aus? Dies hängt von der Wärmeleitfähigkeit ab und die wiederum von der Bodenart und dessen Wasser- und Luftgehalt. Die Wärmekapazität eines wassergesättigten Moorbodens ist hoch, aber die Wärmeleitfähigkeit des darin enthaltenen Torfes ist nur gering. Ist zudem das Moor noch drainiert, also trocken gelegt, ist seine Wärmeleitfähigkeit noch geringer als die von trockenem Sand.

Tagsüber entsteht im Moor ein Hitzestau an der Bodenoberfläche, weil die Wärme wegen der geringen Wärmeleitfähigkeit von Torf nicht in den Boden abgeleitet wird. Nachts hingegen wird es empfindlich kalt, weil keine Wärme im Boden gespeichert ist, um die Ausstrahlungsverluste zu ersetzen. Dadurch kommt es zu einer raschen Unterschreitung des Taupunktes und Nebel bildet sich.

Schnee leitet überhaupt keine Wärme

Schnee hat durchaus eine Wärmeleitfähigkeit, wenn auch nur eine geringe. Sie liegt zwischen derjenigen von Luft bei 0 Grad Celsius und Eis. Die Wärmeleitfähigkeit von Schnee hängt von dessen Dichte ab, da die Wärme nur über die kleinen Bindungen transportiert werden kann, an denen die Eiskristalle aneinander stoßen. Das geschieht durch Wasserdampfdiffusion: Dabei wandern Wasserdampfmoleküle im Schnee durch den Porenraum zwischen den Luftmolekülen hindurch. Die Wärmeleitung durch diese Wasserdampfdiffusion ist daher abhängig von der Struktur und der räumlichen Anordnung der Kristalle. Die Wärmemenge, die durch Wasserdampfdiffusion übertragen werden kann, ist aber auch nur gering.

Flockiger Pulverschnee hat eine Dichte von etwa 100 Kilogramm pro Kubikmeter (kg/m^3), dessen Leitfähigkeit beträgt 0,05 W/mK (Watt bezogen auf die Materialdicke in Metern und die Temperaturdifferenz in Kelvin). Am häufigsten kommt Schnee in einer mittleren Dichte von etwa 200 kg/m^3 vor. Dessen Leitfähigkeit ist mit 0,10 W/mK dann immer noch sehr klein und entspricht der von Weichholz. Zum Vergleich: Kupfer hat eine Wärmeleitfähigkeit von 398 W/mK.

Durch die geringe Wärmeleitfähigkeit ist Schnee ein ideales Isolationsmaterial in kalten Gegenden, was die Inuit mit dem Bau von Igluhäusern aus Schnee schon lange in die Praxis umsetzen.

Wassertropfen unter 0 °C werden sofort zu Eis

Eines gleich vorweg: Es gibt Wassertropfen, die kälter sind als minus 30 Grad Celsius und immer noch flüssig sind. Damit aus Wasser Eis wird, muss ein passender Gefrierkern vorhanden sein, an dem sich der Eiskristall aufbauen kann.

Eiskristalle bilden sich mit Vorliebe dort, wo bereits passende Strukturen vorhanden sind, wie zum Beispiel an Kratzern oder Unebenheiten von Glasflächen. So entstehen Eisblumen.

Zurück zum Tropfen: Wolkentröpfchen enthalten eine Reihe von Substanzen, die als Eiskerne oder -keime dienen können. Das können kleine Salzkristalle aus Meerwasser oder Teilchen aus Verbrennungsprodukten sein, die 0,1 bis 1 Mikrometer groß sind. Allerdings muss eine gewisse Ruhe im Tropfen einkehren, das heißt, die Bewegungen der Moleküle müssen langsamer werden, damit sie sich zu einem Eiskristall ordnen können und dessen ungestörter Wachstumsprozess einsetzen kann.

Bei Plusgraden und Temperaturen wenig unter 0 Grad Celsius ist die Wahrscheinlichkeit, dass sich solch eine Ordnung der Moleküle bilden kann, sehr gering. Die Strukturen zerfallen sehr schnell wieder oder kommen gar nicht erst zustande, ähnlich der Situation, als wolle man mit zitternder Hand einen Faden in eine Nadel einfädeln. Erst bei weiter sinkenden Temperaturen und dadurch ruhiger werdender Molekularbewegung steigt die Chance, dass die notwendigen Strukturen eines Kristalls entstehen können.

Selbst bei Vorhandensein von Eiskeimen müssen atmosphärische Wassertröpfchen dennoch nicht bei 0 Grad Celsius gefrieren. Bis zu Temperaturen von minus 10 Grad Celsius sind so genannte unterkühlte Wassertröpfchen etwas ganz Normales – beispielsweise in Gewitterwolken, weil sie so hoch und oben kalt sind, Landregenwolken (Nimbostratus), die auch sehr ausgedehnt und mächtig sind, sowie eigentlich in allen Quellwolken, da sie zu den Mischwolken gehören. Mischwolken bestehen aus Eis und Wasser. Daraus ergibt sich ein reales Problem in der Luftfahrt: Gefahr durch Vereisung, da unterkühlte Wassertropfen beim Auftreffen auf das Flugzeug spontan gefrieren. Die Folge sind Gewichtszunahme, Profilverlust (Auftrieb vermindert sich) und Festfrieren der Ruder. Wenn nun in so einem kleinen Tröpfchen gar kein passender Eiskern vorhanden ist, kann das Wassertröpfchen sogar in flüssiger Form auf bis zu minus 30 oder minus 40 Grad Celsius abkühlen. Erst dann setzt auch ohne Gefrierkern spontane Eisbildung ein.

Regen entsteht durch Tröpfchenwachstum

Große Regentropfen haben Durchmesser von 2 bis 4 Millimeter. Die Wassertröpfchen in den Wolken sind aber viel kleiner und liegen etwa in der Größenordnung von 10^{-3} Zentimetern oder 0,1 Millimeter. Man benötigt also etwa 10^6 oder eine Million Wolkentröpfchen, um einen Regentropfen zu bilden. Demnach müssen die Wolkentröpfchen zu Regentropfen heranwachsen. Dazu gibt es zwei Möglichkeiten.

Nummer eins: Ein großer Wolkentropfen fällt nach unten und kollidiert mit anderen kleineren Tropfen, die durch die Kollision mit ihm verschmelzen. Das nennt man Koagulation. Durch Aufwinde kommt es immer weiter zu Kollisionen und Tropfenwachstum, so dass bald großtropfiger Regen entsteht und ein Wolkenbruch zustande kommt. Der Haken an der Sache ist: Je größer so ein Wolkentropfen wird, umso geringer wird dessen Oberflächenspannung. Das heißt, dass die Wassermoleküle einfach wieder aus ihm „herausschlüpfen" können und der Tropfen zum Teil wieder verdunstet. Nur wenn der Wasserdampfgehalt der umgebenden Luft hoch genug ist, passiert ihm das nicht, da dann immer wieder gleich viele Wassermoleküle von außen nachkommen (ähnlich wie bei Auswechselspielern beim Fußball). In den Tropen ist diese Voraussetzung erfüllt, in unseren Breiten aber nicht. Bei uns könnte durch diese Art von Tröpfchenwachstum nur Nieselregen zustande kommen.

Deshalb müssen die Regentropfen auch auf andere Art und Weise wachsen können – Nummer zwei: Unser (Sommer-)Regen war ursprünglich einmal Eis. Denn Eiskristalle können auf Kosten von unterkühlten Wassertröpfchen (das sind flüssige Wolkentropfen unter null Grad Celsius) sehr groß werden. Das geschieht so: Der Wasserdampf in der Luft gefriert ohne Umweg über die flüssige Phase an den Eiskristallen. Damit wird der Wasserdampfdruck über den ebenfalls in der Wolke vorhandenen unterkühlten Tröpfchen immer geringer und sie verdunsten sang- und klanglos, während die Eiskristalle weiter anwachsen. Das geht so lange, bis die Eiskristalle nicht mehr durch Aufwinde gehalten werden können und nach unten fallen. Dabei kollidieren sie mit weiteren unterkühlten Tröpfchen, die spontan an ihnen festfrieren. Schließlich wird die 0-Grad-Temperaturgrenze nach unten passiert und die Eiskristalle schmelzen zu dicken Regentropfen. Ein erfrischender Sommerregen kommt also ursprünglich aus der Tiefkühltruhe der Wolken.

Bauernregel vom 1. August, Petri
Ist's von Petri bis Lorenzi (10.08.) heiß, dann bleibt der Winter lange weiß.
Stimmt nicht: Viele Wetterregeln versuchen, von einem warmen August auf einen eisigen Winter zu schließen. Doch diese Regeln lassen sich meist nicht bestätigen.

Regentropfen können riesengroß werden

Auch wenn sie nach dem Aufklatschen auf den Boden mehrere Zentimeter große Wasserkleckse hinterlassen, haben Regentropfen praktisch nie größere Durchmesser als 4 Millimeter.

Der Regentropfen war ursprünglich in der Wolke ein Eiskristall, der auf seinem Fallweg nach unten in wärmere Luftschichten gekommen und dabei geschmolzen ist. Was würde passieren, wenn das Eiskügelchen so groß wäre, dass es nach dem Schmelzen einen größeren Tropfen als mit einem Durchmesser von 4 Millimetern bilden würde? Ein größerer Tropfen verformt sich beim Fallen. Es bilden sich Eindellungen, die schließlich zu instabilen Schwingungen führen und den Tropfen regelrecht zerfetzen. Dadurch entstehen während des Fallens eine Reihe neuer kleiner Tropfen, die durch Anlagerung wieder zu größeren Exemplaren heranwachsen können. Ihnen würde wieder das gleiche Schicksal blühen, bis schließlich kleine Regentropfen die Erdoberfläche erreichen.

Tröpfchen bilden sich nur bei 100 % relativer Luftfeuchte

Normalerweise kondensiert Wasserdampf bei 100 Prozent relativer Luftfeuchte zu Wassertröpfchen. Dazu sind bestimmte Aerosole als Kondensationskerne nötig, an denen sich die Wassermoleküle „geordnet" anlagern können. Sind aber nun Aerosolpartikel mit besonderen hygroskopischen Eigenschaften in der Luft, die ganz besonders einladend auf die Wasserdampfmoleküle wirken, dann bilden sich feinste Tröpfchen auch unterhalb des Sättigungspunktes von 100 Prozent relativer Luftfeuchte. Die Tröpfchen können dabei aber nur so weit wachsen, wie die Bindungsfähigkeit der Aerosolpartikel dies zulässt. Diese feinen Tröpfchen haben einen Durchmesser unter fünf mal 10^{-5} Zentimeter – und man spricht von Dunst.

Unter Dunst versteht man in der Meteorologie die Trübung der Luft durch Wassertröpfchen (feuchter Dunst) oder feste Schwebepartikel (trockener Dunst) mit einer Sichtweite zwischen 1 und 8 Kilometern.

Schnee fällt nur bei Temperaturen unter 0 °C

Mit Schnee verbindet man Eis und damit sofort den Gefrierpunkt. Aber Schnee kann nicht nur bei Temperaturen um 0 oder unter 0 Grad Celsius, sondern sogar bei Plustemperaturen von 5 bis 7 Grad Celsius fallen.

In Wolken, in denen es Eiskristalle und Wassertröpfchen gibt, wachsen die Eiskristalle auf Kosten der Wassertröpfchen zu kleinen Schneeflocken heran. Sie sind aber noch sehr klein und fallen nicht. Erst bei Temperaturen über minus 5 Grad Celsius können die Schneeflocken größer als 1 bis 2 Zentimeter werden, da dann genügend flüssiges Wasser als Bindemittel vorhanden ist. Nun kann die Schneeflocke aus der Wolke fallen. Das Optimum für die größten Flocken liegt bei plus 2 bis 3 Grad Celsius.

Sobald die Schneeflocke in eine Luftschicht fällt, die wärmer ist, beginnt sie zu tauen. Damit sie aber trotzdem noch die Chance hat, als Schneeflocke am Boden anzukommen, muss die umgebende Luft sehr trocken sein. Beim Tauvorgang wird der Luft in der unmittelbaren Umgebung der Schneeflocke Wärme entzogen. Damit sinkt die Temperatur in der unmittelbaren Umgebung der Schneeflocke. Das alleine würde aber nicht reichen. Das Wasser an der angetauten Schneeflocke muss ebenfalls noch verdunsten. Dabei wird der Umgebungsluft wiederum Wärme entzogen. Nun ist es um die Schneeflocke herum kalt genug, damit sie den Boden erreichen kann. Wäre die Luft feucht, so könnte das Tauwasser an der Flocke nicht vollständig verdunsten und die Umgebungsluft würde zu warm bleiben. So kann selbst bei plus 5 bis 7 Grad Celsius und trockener Luft Schnee fallen.

Schnee wiegt immer gleich viel

Normaler, leichter Pulverschnee, der gerade frisch gefallen ist, wiegt 60 Kilogramm pro Kubikmeter. Mit der Zeit verdichtet sich der Schnee. Er wird schwerer, da die leichte Luft aus den Zwischenräumen verschwindet. Dann können schon Gewichte um 200 Kilogramm pro Kubikmeter zusammenkommen. Nassschnee wiegt sogar bis zu 800 Kilogramm pro Kubikmeter, denn dann lagert sich Wasser in die Hohlräume ein. Wie sich das unterschiedliche Gewicht von Schnee auswirken kann, das haben die Menschen in Bad Reichenhall am 2. Januar 2006 leidvoll erfahren müssen. Auf die vorhandene Schneedecke auf dem Dach einer Eishalle gab es zusätzlich noch eine satte Nassschneeauflage. Wäre es etwas kälter gewesen, wäre Pulverschnee gefallen und die Halle stünde vielleicht noch.

Im Bayerischen Wald gab es in dem langen, knallharten Winter im Jahr 2005/2006 zum Teil mehr als 4 Meter Schnee – diese Dachlast hat auch dort viele Häuser zum Einsturz gebracht.

Bauernregel vom 10. August, Laurentius

Laurentius heiter und gut, einen schönen Herbst verheißen tut.

Stimmt: Diese Regel lässt sich statistisch belegen. Ist die Sonnenscheindauer um den 10. August überdurchschnittlich hoch, so wird in vier von fünf Jahren der nachfolgende Herbst (September, Oktober, November) zu trocken sein. Ist die Sonnenscheindauer allerdings unter dem Durchschnitt, so kann man über den Herbst keine Aussage machen.

Bei großer Kälte kann es nicht mehr schneien

Damit es schneien kann, muss der Wasserdampf in der Luft gefrieren. Die Luft enthält immer Wasserdampf. Daher kann Schnee eigentlich immer entstehen, wenn sich die Luft durch atmosphärische Prozesse stark abkühlt. Irgendwann wird der Zustand der Übersättigung erreicht und die Entstehung von Eiskristallen beginnt. Die Mengen an Wasserdampf in der Luft sind bei verschiedenen Temperaturen allerdings sehr unterschiedlich. Bei 0 Grad Celsius enthält ein Kubikmeter Luft etwa 2,7 Gramm Wasserdampf, bei minus 40 Grad Celsius sind es nur 0,07 Gramm. Folglich gilt: Je kälter es ist, desto weniger Schnee wird fallen, aber es kann schneien.

Schnee knirscht immer

Schnee muss trocken und pulvrig sein, damit er knirschen kann. Das klappt erst ab minus 7 Grad Celsius. Erst dann sind die Schneekristalle hart und spröde, so dass mit jedem Schritt hunderttausende von Schneekristallen brechen. Der Schnee knirscht. Bei höheren Temperaturen ist der Schnee feuchter, die Schneekristalle sind biegsamer und brechen nicht so leicht. Dann lässt sich auch ganz leicht ein Schneeball formen. Aus der Beschaffenheit des Schnees lässt sich somit auch die Außentemperatur grob abschätzen.

Auf Mallorca schneit es nicht!

Mallorca steht ganz eindeutig für Sommer, Sonne, Strand und Bier – und davon ganz viel. Trotzdem kann es auf Mallorca schneien – das passiert sogar einigermaßen regelmäßig und nicht nur im Gebirgszug der Serra de Tramuntana. Dort befindet sich mit dem 1.445 Meter hohen Puig Major der höchste Berg dieses Gebirgszuges. Hier eine Meldung des deutschsprachigen Inselradios vom Samstag, dem 25. Januar 2006: „Schneefall hat bis in die Morgenstunden für eine dichte Schneeschicht in Valldemossa, Deia und weiteren Bergorten im Tramuntana-Gebirge gesorgt. Die Verkehrspolizei musste mehrere Landstraßen in der Tramuntana wegen Unpassierbarkeit sperren, darunter die Berglandstraße von Pollensa nach Andratx und die Landstraße von Caimari zum Kloster Lluc. Auch die Landstraße von Felanitx zum Puig de Randa bei Algaida im Osten der Insel musste für den Verkehr gesperrt werden. Wegen der schlechten Straßenverhältnisse kam es zu mehr als 30 Verkehrsunfällen." Hört sich ganz nach einem Wintereinbruch wie bei uns in Deutschland an. Ende Februar 2005 schneite es bis auf 200 Meter herunter. Allerdings ist der Winter auf Mallorca, selbst wenn es schneit, bei weitem nicht so hart wie bei uns. Dauerfrost ist selten.

Wärme, Frost und Kälte

Ventilatoren senken die Temperatur

Ventilatoren wirbeln die Luft herum, verursachen also Wind. Durch diesen Wind, der die Haut trifft, verdunstet der Schweiß besser. Dabei wird dem Körper Wärme entzogen und das Gefühl der Kühle entsteht. Die Raumtemperatur senkt ein Ventilator jedoch nicht. Er produziert sogar mit der Abwärme seines Motors selbst etwas Wärme. Es ist also völlig sinnlos, einen Ventilator laufen zu lassen, wenn niemand im Raum ist, oder ihn so aufzustellen, dass der Luftstrahl auf niemanden trifft.

Bei heißem Wetter muss man dauernd die Fenster geöffnet haben

Bei offenen Fenstern kommt durchaus etwas Wind in den Raum, der vermeintlich Kühlung verschafft. Aber er lässt nur den Schweiß auf der Haut schneller verdunsten, an der Raumtemperatur ändert er jedoch nichts.

Ist es draußen wärmer als drinnen, gelangt durch das Lüften die warme Außenluft nach innen. Wenn bei geschlossenen Fenstern die Innentemperatur kaum über 30 Grad Celsius steigen würde, kann sie bei offenen Fenstern schnell über 30 Grad Celsius aufgeheizt werden. Lüften lohnt sich also nur, wenn es draußen wirklich kühler ist. Sonst sollte man an heißen Tagen die Fenster geschlossen halten und am besten die Rollläden unten lassen.

Im Sommer gibt es keinen Nachtfrost
mehr Nächtliche Auskühlung bei klarem Himmel kann durch eine hoch reichende Vegetation wie beispielsweise im Wald gedämpft werden, ähnlich wie durch eine Wolkendecke. Eine Wiese hat diesen Schutz aber zum Beispiel nicht. Daher bildet sich dort auch rasch bei sinkenden Temperaturen Nebel. Aber der Wiesenboden hat eine ausreichende Wärmeleitfähigkeit, so dass die tagsüber gespeicherte Wärme von unten die nächtliche Ausstrahlung und Abkühlung kompensiert. So kann es dort auch im Sommer selbst bei sternenklarem Himmel keinen Nachtfrost geben.

Anders im Moor: Weil der Torfboden nur eine geringe Wärmeleitfähigkeit hat, speichert er tagsüber keine Wärme und kann sie folglich nachts auch nicht abgeben. Da zudem die Oberfläche des Moores in der Regel nicht mit hochwüchsigen Bäumen und Sträuchern bedeckt ist, kann die Wärmeenergie nachts ungehindert abstrahlen. Bei unbewölktem Nachthimmel und geringer Luftfeuchtigkeit kann es im Moor sogar noch im Sommer zu Nachtfrösten kommen.

Mit Sonne ist es immer wärmer als ohne

Die Sonne ist unangefochten der Wärmelieferant Nummer eins der Erde. Aber wenn sie scheint, kann es trotzdem kalt bleiben. Und wenn sie gar nicht hinter den Wolken zu sehen ist, kann es trotzdem sehr mild sein. Das hängt von der wetterbestimmenden Luftmasse ab.

So etwa an einem Tag im Winter: Der Himmel ist strahlend blau, weil die Luft sehr trocken, dafür aber kalt ist. Die Sonne fühlt sich direkt auf der Haut angenehm warm an, sie kann aber das Wärmedefizit der kalten Polarluft nicht ausgleichen. Zwei Tage später: Ein Sturm aus Westen zieht auf. Dicke Wolken bedecken den Himmel, keine Sonne ist zu sehen. Aber mit dem starken Westwind kommt vom Atlantik milde Meeresluft zu uns. Obwohl keine Sonne scheint, ist es wärmer als bei blauem Himmel.

Bauernregeln vom 18. August, Helene

Wenn's im August stark tauen tut, bleibt gewöhnlich auch das Wetter gut.
Im August Wind aus Nord, jagt unbeständig's Wetter fort.

Beide stimmen: Da die Nächte im August schon wieder deutlich länger werden, kann sich nachts die Luft bei sternenklarem Himmel stark abkühlen. Dann bildet sich Tau. Sonnige Tage und klare Nächte treten bei Hochdruckwetterlagen auf. Da diese beständig sind, dauert das schöne Wetter meist länger.

Mittags ist es im Sommer am wärmsten

Zur Mittagszeit erreicht die Sonne zwar ihren höchsten Stand, aber die höchsten Temperaturen werden meist zwischen 16 und 18 Uhr gemessen. Der Grund ist die schlechte Wärmeleitfähigkeit der Luft. Der Boden hat dagegen eine deutlich höhere Wärmekapazität. Von dort wird in den Stunden nach Mittag kontinuierlich Wärmestrahlung an die Luft abgegeben. Es braucht also Zeit, um die Luft an einem normalen Sommertag auf ihre Höchsttemperatur aufzuheizen.

Bodenoberflächen von Mooren sind tagsüber kühl

Mit einem Moor verbindet man Wasser und bei Wasser denkt man sofort auch an dessen kühlenden Effekt. Tagsüber kann es aber im Moor unerträglich heiß werden, nachts hingegen empfindlich kalt.

Woran liegt das? Bei Sonneneinstrahlung am Tag erwärmt sich der dunkle Torf an der Oberfläche rasch. Durch die geringe Wärmeleitfähigkeit des Torfes, die kaum Wärme an die darunter liegenden Schichten ableitet, kann es im Hochsommer an der Oberfläche zu extremen Temperaturunterschieden zwischen frostigen Nächten bei klarem Himmel und großer Hitze an sonnigen Tagen kommen. Temperaturschwankungen zwischen 4 und 40 Grad Celsius innerhalb von zwölf Stunden in Oberflächennähe sind auch in mitteleuropäischen Hochmooren keine Seltenheit.

An heißen Tagen bekommt man schneller einen Sonnenbrand

Das ist ein rein subjektives Empfinden, denn wer legt sich schon gerne bei kalten Temperaturen in die Sonne? Entscheidende Faktoren, ob man einen Sonnenbrand bekommt oder nicht, sind die Intensität der UV-Strahlung der Sonne und die „Abhärtung" der Haut.

Wie intensiv die UV-Strahlung ist, hängt von dem Stand der Sonne am Himmel ab. Denn je kürzer der Weg der Sonnenstrahlung durch die Atmosphäre ist, desto mehr UV-Strahlung erreicht unsere Haut. Bei hoch stehender Sonne ist der Weg der Strahlung kürzer als bei tief stehender Sonne. Daher ist die Gefahr, sich einen Sonnenbrand zu holen, am Mittelmeer größer als an der Nordsee, in den Mittagsstunden größer als in den Morgen- und Abendstunden und im Sommer größer als im Winter.

Auch die Gewöhnung der Haut an die Sonne spielt eine Rolle. Sie muss sich nach jedem Winter eine neue Schutzschicht durch Bräunung zulegen – daher sollte man bei den ersten Sonnenbädern des Jahres vorsichtig sein.

Die Temperatur nimmt immer mit der Höhe ab

Bei einer normal geschichteten Atmosphäre nimmt die Temperatur in der Regel mit der Höhe pro 100 Meter zwischen 0,65 und 1,0 Grad Celsius ab. Allerdings gibt es Ausnahmen – das sind die so genannten Inversionen. Das sind Sperrschichten, in denen es wieder wärmer wird. Diese Inversionen entstehen auf verschiedene Arten.

1. Die Aufgleitinversion: Nähert sich ein Tief, kommt als Erstes die so genannte Warmfront, bei der zuerst in höheren Luftschichten warme Luft herangeführt wird. Diese warme Luft legt sich über kältere Luft am Boden. Am Boden kommt diese warme Luft erst mit deutlicher Verzögerung an. Diese Situationen kommen sehr häufig im Winter vor, wenn ein Tief sich einem Winterhoch nähert. Das Hoch hat zuvor für sehr kalte Luft in den tieferen Luftschichten gesorgt.

2. Die Absinkinversion: In einem Hoch sinkt großräumig Luft nach unten. Dabei gerät sie unter höheren Luftdruck und, da Luft kompressibel ist, nimmt die Dicke der absinkenden Luftschicht ab. Gleichzeitig erwärmt sich absinkende Luft und zwar alle 100 Meter um 1 Grad Celsius. Je länger der zurückgelegte Weg von oben nach unten ist, desto größer ist der Temperaturanstieg. Man stelle sich nun eine Luftschicht vor, die nach unten sinkt. Sie wird durch den größeren Luftdruck der unteren Schichten zusammengedrückt. Das Luftpaket an der Oberseite legt dabei einen größeren Weg zurück als das Luftpaket an der Unterseite der Schicht. Folglich ist die Temperaturzunahme an der Oberseite größer als an der Unterseite. Unter bestimmten Voraussetzungen kann dabei dann die Temperatur an der Oberseite des Luftpakets höher werden als an der Unterseite, so dass es dabei zu einer Temperaturumkehr kommt. Dann ist eine Absinkinversion entstanden.

3. Die Bodeninversion: Nicht nur in großer Höhe, sondern auch am Boden können sich Inversionen ausbilden. Der Erdboden kühlt stärker aus als die Luft. Durch die Ausstrahlung kühlen die direkt über dem Boden liegenden Luftschichten stärker aus als die höher liegenden. Auch hier bildet sich eine Inversionsschicht aus.

Inversionsschichten sind regelrechte Sperrschichten. Unter ihnen sammelt sich Feuchtigkeit, aber auch Staub und anderer Dreck an. Häufig ist die Inversionsschicht der Grund für Nebel oder Hochnebel, bei Hochdrucklagen im Winter auch für Smog.

Bauernregel vom 26. August, Gregor

Augustsonne, die früh schon brennt, nimmt nachmittags kein gutes End.

Stimmt: Diese Regel schließt sich an die vom 18. August, Helene (s. S. 98), an. Am Ende einer Hochdrucklage mit sonnigem Wetter bringt ein Frontensystem (Kaltfront) den Wetterumschwung mit Schauern und Gewittern. Das heißt am Morgen und Vormittag ist es noch schön und warm, dann ziehen nachmittags dichte Wolken mit Schauern und Gewittern auf und bringen deutliche Abkühlung.

Wenn der Kühlschrank offen steht, wird es im Raum kälter

In den letzten heißen Sommermonaten 2003 und auch 2006 versuchte man bei Tagestemperaturen zwischen 35 und 38 Grad Celsius einfach alles, um die Wohnung zu kühlen. Leider wird der Versuch kläglich scheitern, mit einem offenen Kühlschrank die Wohnung etwas kühler zu bekommen.

Ein Kühlschrank ist im Inneren kühl, weil die Wärme aus dem Inneren nach außen abgeführt wird, und zwar auf dessen Rückseite über die Kühlrippen. Die Wärme bleibt also im Raum. So ein Kühlschrank ist eine recht trickreiche Sache, trotz alledem arbeitet er mit einem schlechten Wirkungsgrad.

Im Kühlschrank befindet sich eine so genannte Kühlflüssigkeit, die anders als Wasser schon bei Temperaturen unter 0 Grad Celsius verdampft. Im Inneren eines Kühlschranks herrschen Temperaturen von deutlich über 0 Grad Celsius. Daher verdampft die Kühlflüssigkeit. Bei der Umwandlung vom flüssigen zum gasförmigen Zustand wird Energie gebraucht. Diese Energie wird der Umgebung als Wärme entzogen. Dieses Prinzip kennen wir alle und erleben es am eigenen Körper. Strengen wir uns stark an, beginnen wir zu schwitzen. Der Schweiß auf der Haut verdunstet in die Luft und unser Körper kühlt sich dadurch ab. Das ist der Effekt der Verdunstungskälte. Das Kühlmittel hingegen kann nicht so einfach an die Luft abgegeben werden. Bei einer bestimmten Temperatur wird durch einen Thermostat der Kompressor in Gang gesetzt. Dieser verdichtet das Kühlmittel, das unter hohem Druck wieder flüssig wird. Dabei wird Verdampfungswärme freigesetzt. Diese wird durch die Kühlrippen an die Luft abgegeben. Somit steht das Kühlmittel wieder in flüssiger Form für den Kreislauf bereit, Kälte aus dem Kühlschrank zu ziehen.

Ein Teil der elektrischen Energie für den Kompressor wird ebenso in Wärme umgewandelt, beispielsweise mechanische Reibungsverluste. Dabei entsteht zusätzliche Wärme. Deshalb wird es bei offen stehender Kühlschranktür wärmer anstatt kälter. Klimaanlagen arbeiten nach dem gleichen Prinzip wie Kühlschränke, nur wird deren Abwärme nach draußen abgegeben.

Sahne kann man bei jeder Temperatur schlagen

Sahnetorten fallen schnell zusammen, das ist wohlbekannt. Deshalb muss man sie stets kühl aufbewahren. Bei hohen Temperaturen wie im Sommer lässt sich Sahne auch schlechter schlagen als bei kühlen Temperaturen. Das liegt daran, dass das Milchfett den Luftbläschen, die beim Sahneschlagen entstehen müssen, eine bessere und stabilere Hülle bietet, wenn es kalt ist. Also am besten das Rührgefäß vorkühlen, die kalte Sahne einfüllen und sie während der heißen Sommermonate im kühlen Keller schlagen.

Sonne, Mond und Erde

Die Erde hat immer den gleichen Abstand zur Sonne

Früher glaubte man, die Planeten würden auf Kreisbahnen um die Sonne wandern. Der Astronom Johannes Kepler (1571 bis 1630) erkannte aber, dass die Bahnen der Planeten keine Kreise, sondern Ellipsen sind. Auch die Erde bewegt sich auf einer Ellipse um die Sonne. Ellipsen haben keinen Mittelpunkt, sondern zwei Brennpunkte. In einem dieser Brennpunkte der ellipsenförmigen Erdbahn steht die Sonne. Folglich befindet sich die Erde auf ihrer Bahn dann am nächsten zur Sonne, wenn sie um diesen Brennpunkt herumläuft, am sonnenfernsten, wenn sie um den anderen Brennpunkt der Ellipsenbahn läuft, in der keine Sonne steht. Dieser sonnennächste Punkt der Erdbahn, das Perihel, wird Anfang Januar durchlaufen, wenn auf der Nordhalbkugel Winter ist, der sonnenfernste Punkt, das Aphel, hingegen Anfang Juli während des nördlichen Sommers. In Zahlen bedeutet das: Anfang Januar hat die Erde eine Entfernung von 147.100.000 Kilometern zur Sonne, Anfang Juli sind es 152.100.000 Kilometer.

Bauernregel für den September

September warm – Oktober kalt

Stimmt nicht: Es lässt sich statistisch nicht belegen, dass einem zu warmen September ein kalter Oktober folgt. Da die Atmosphäre eine Erhaltungsneigung hat, folgt in zwei von drei Fällen eher ein warmer Oktober. Einem zu kalten September folgt demnach auch eher ein zu kalter Oktober.

Es wird Winter, weil die Erde weiter weg von der Sonne ist

Der Winter hat nichts mit dem Abstand der Erde von der Sonne zu tun, im Gegenteil: Im Nordwinter, also Anfang Januar, steht die Sonne der Erde rein entfernungsmäßig gesehen näher als Anfang Juli im Nordsommer.

Die Erde kreist um die Sonne. Diese Ebene heißt Ekliptik. Die Erdachse ist gegenüber dieser Ebene um 23,44 Grad geneigt und weist immer in dieselbe Richtung. Innerhalb eines Jahres wandert die Erde einmal mit ihrer schiefen Lage um die Sonne herum. Das heißt, dass von der Erde aus gesehen die Sonne einmal nördlich des Äquators (Nordsommer) und einmal südlich des Äquators (Nordwinter) steht.

Im Winter wird es deshalb in unseren Breiten kalt, weil die Sonne südlich des Äquators und somit tiefer steht. Die Sonnenstrahlung muss daher einerseits durch den tiefen Stand einen weiteren Weg durch die Atmosphäre zu uns nehmen, andererseits wird die Fläche, die von diesen Sonnenstrahlen getroffen wird, größer, da der Einfallswinkel flacher ist. Kurz gesagt: Im Winter verteilt sich weniger Sonnenenergie auf eine größere Fläche (Cosinusgesetz).

Sommer- und Winterhalbjahre sind gleich lang

Nein, ganz und gar nicht. Die freudige Botschaft für die Nordhalbkugel: Das Sommerhalbjahr dauert bei uns ganze acht Tage länger als das Winterhalbjahr. Um ganz genau zu sein: Das Sommerhalbjahr (also vom Frühlingsbeginn bis zum Herbstbeginn) dauert auf der Nordhalbkugel 186 Tage und zehn Stunden und das Winterhalbjahr 178 Tage und 20 Stunden. Das macht zusammen 365,25 Tage. Um diesen Viertel Tag auszugleichen, gibt es alle vier Jahre ein Schaltjahr mit einem zusätzlichen Tag, dem 29. Februar.

Der Astronom Johannes Kepler (1571 bis 1630) stellte fest, dass sich die Erde auf einer Ellipsenbahn um die Sonne herumbewegt. Gleichzeitig entdeckte er, dass sich die Erde in Sonnennähe rascher bewegen muss als in Sonnenferne (zweites Keplersches Gesetz). So beträgt die Bahngeschwindigkeit der Erde um die Sonne im Perihel (Sonnennähe Anfang Januar) etwa 30,3 Kilometer pro Sekunde und im Aphel (Sonnenferne Anfang Juli) nur 29,3 Kilometer pro Sekunde. Die Erde „lässt sich quasi mehr Zeit" – erfreulicherweise für uns Menschen auf der Nordhalbkugel: Aus diesem Grund dauert das Sommerhalbjahr bei uns länger als das Winterhalbjahr. Für die Südhalbkugel gilt das Gegenteil.

Die Sonne kann nur rot oder gelb aussehen

Normalerweise kennen wir die Sonne als roten Ball, wenn sie morgens auf- oder abends untergeht, oder als weißgelbe Scheibe, wenn sie hoch am Himmel steht. Aber die Sonne kann auch grün werden. Dazu gibt es verschiedene Möglichkeiten mit mysteriös klingenden Namen: Der Grüne Saum, das Grüne Segment oder der Grüne Strahl. Diese drei Phänomene beruhen alle auf der Brechung des Sonnenlichtes. Allerdings müssen bestimmte Atmosphärenbedingungen erfüllt sein, damit sie erscheinen. Der Grüne Saum ist durchs Fernglas oft zu sehen, der Grüne Strahl mit dem bloßen Auge kaum. Aber warum fällt das nicht jedem auf? Ganz einfach: Man müsste halt wissen, wonach man schauen muss.

Warnung: Dieses Phänomen nur bei sehr tiefer Sonne beobachten, um Augenverletzungen zu vermeiden! Generell sind bei Sonnenbeobachtungen spezielle Schutzbrillen zu tragen.

Also der Reihe nach: Der Grüne Strahl entsteht durch die Brechung des Lichtes. In der Nähe des Horizonts ist die Brechung am stärksten. Der letzte Rest der untergehenden Sonne wird dort in die Spektralfarben Blau, Rot und Grün aufgespalten. Das geschieht in einem ganz kleinen Bereich von einer Bogensekunde, das sind 1/3600 Grad. Zuerst geht der Rote Strahl unter und es sind nur noch grün und blau vorhanden. Der Blaue Strahl wird durch den Schmutz in der Atmosphäre stark geschwächt und es bleibt für wenige Sekunden nur noch der Grüne Strahl übrig. Er erscheint wie ein kleines grünes Flämmchen genau in dem Moment, in dem die Sonne hinter dem Horizont verschwindet. Aber genau wie bei einer Sonnenfinsternis sollten Sie nie mit bloßem Auge in die Sonne schauen. Wenn die Luft klar und sauber und der Blick auf den Horizont frei ist, sind die Chancen sehr gut, den Grünen Strahl zu sehen. Sonnenauf- oder

-untergänge auf Berggipfeln, an der freien See, aber auch während Transatlantikflügen bieten dazu eine gute Gelegenheit.

Der Grüne Saum ist vor allem in höheren Breiten zu beobachten, wenn der Winkel zwischen Sonnenbahn und Horizont sehr flach ist. Luftspiegelungen lassen zunächst am oberen Rand der Sonne einen schmalen Grünen Streifen entstehen, der auch noch lange nach Sonnenuntergang zu sehen ist. Besonders häufig tritt dieses Naturschauspiel in Russland auf den Novaya-Zemlya-Inseln auf und wird deshalb auch als Effekt nach diesen Inseln benannt.

Eine Atmosphäre mit unterschiedlich dichten Luftmassen ist die Voraussetzung für das Grüne Segment. In der Nähe des Horizonts sieht die Sonne wie flach gedrückt aus. Je näher sie dem Horizont kommt, desto flacher erscheint sie. Durch Spiegelung und Brechung sind scheinbare Grate am Sonnenrand zu sehen. Diese Grate bewegen sich für den Beobachter auf dem Sonnenrand und färben sich schlagartig grün. Allerdings ist das Grün nur schwer zu erkennen. Ist nämlich das Sonnenlicht schwach, sind auch die Farben schwach, während starkes Sonnenlicht oft den Effekt überstrahlt.

In Norddeutschland lohnen sich keine Sonnenkollektoren

Bei Sonnenenergie denkt man sofort an die Einstrahlung der Sonne und damit an die Sonnenscheindauer. Zugegeben, in Hamburg beträgt die mittlere jährliche Sonnenscheindauer grob überschlagen etwa 1.600 Stunden, in München hingegen 1.800 Stunden.

Entscheidend für die Nutzung von Photovoltaik ist aber nicht die Sonnenscheindauer, sondern die Globalstrahlung. Diese setzt sich aus der direkten Strahlung der Sonne und der gestreuten Sonnenstrahlung (diffuse Strahlung) zusammen. Die Strahlung der Sonne wird beim Durchgang durch die Atmosphäre geschwächt, durch Streuung an Luftmolekülen oder Absorption und Reflexion an Wolken. An der Nordsee gibt es aber viel freie Fläche. Deshalb weht dort oft viel Wind, das sorgt für eine gute Durchmischung und eine gute Strahlungsbilanz. An der Ostsee dominiert meist kontinentale Luft. Die ist trocken, das ist auch gut für die Strahlungsbilanz. In Schleswig-Holstein ist die Bilanz allerdings schlechter, dort treffen die Luftmassen von Nord- und Ostsee aufeinander und es gibt öfter viele Wolken am Himmel, die Globalstrahlung wird stark abgeschwächt. Somit beträgt die mittlere Jahressumme der Globalstrahlung auf einer horizontalen Fläche in Hamburg etwa 940 bis 960 kWh/m² und in München 1.140 bis 1.160 kWh/m². Die Strahlung an den Küsten der Nord- und Ostsee und auf den Inseln beträgt etwa 1.000 kWh/m² im langjährigen Mittel.

Also, summa summarum lohnt es sich durchaus, in Norddeutschland Energie durch die Sonne zu gewinnen. Natürlich erzielt man nicht die Ausbeute wie in Süddeutschland, aber dafür kann man ja die eine oder andere Photovoltaikplatte mehr auf dem Hausdach anbringen.

Der Mond hat Einfluss auf unser Wetter

Der Mond regt als Einziger die Erde umkreisender Trabant seit Urzeiten die Fantasie der Menschen an. Er ändert in einem monatlichen Rhythmus regelmäßig sein Gesicht, vom Vollmond zur schmalen Sichel. Dadurch erhält er für die Menschen etwas Mystisches und beeinflusst auch so manche menschliche Seele. Kein Wunder also, dass ihm auch wetterbeeinflussende Eigenschaften zugeschrieben werden. Besonders deutlich wird das im Hundertjährigen Kalender. Darin heißt es, dass Neumond oder Vollmond für einen Wetterumschwung sorgen sollen und dass bei zunehmendem Mond das Wetter besser werden soll. Das ist natürlich reiner Aberglaube, denn die Phase des Mondes ist überall auf der Erde gleich, und allein schon deshalb ist so ein globaler Wetterumschwung bei Voll- oder Neumond nicht vorstellbar und auch nicht möglich.

Dem Vollmond wird noch aus einem anderen, ganz einfachen Grund erheblicher Einfluss auf das Wetter zugeschrieben. Leuchtet er hell am Himmel, ist jede Wetteränderung gut zu erleben, bei Neumond fehlt das Licht und alles läuft im Verborgenen ab. Einige Wetterregeln im Zusammenhang mit dem Mond sind allerdings wahr: 1. Bei Vollmond sind die Nächte kalt. Zwischen Oktober und April kühlt es ohne Wolken in klaren Nächten sehr stark aus. 2. Ring um den Mond, bald Regen und Wind. Der Mond dient als Lichtquelle und zeigt uns aufziehende Eiswolken. An den Eiskristallen wird das Mondlicht gebeugt und sorgt so für den Hof um den Mond.

Trotzdem soll der Mond außer beim Wetter seine Mystik behalten, denn wem schadet es, wenn er sich an folgende Regeln hält: An Neumond geschnittenes Haar wächst schneller. Haare bei zunehmendem Mond tönen und färben, so wird die Haarfarbe intensiver und hält auch länger. Vollmond ist die beste Zeit für eine neue Frisur.

Nach oben wird es wärmer, weil man der Sonne näher kommt

Seit Ikarus in der griechischen Mythologie abgestürzt ist, weil er laut Sage mit seinen wächsernen Flügeln der Sonne zu nahe gekommen ist, hält sich dieser Irrtum. Die wohlhabenden alten Griechen hätten es eigentlich besser wissen müssen: Schließlich haben sie im Sommer aus den Bergen Schnee zum Kühlen kommen lassen! Damit liegt das erste Eiscafe wohl gar nicht in Italien, sondern in der Nähe des Olymps. In Wirklichkeit wird es in der Regel mit jedem Höhenmeter auch kühler, so lange, bis die Luft so kühl geworden ist, dass der in ihr enthaltene Wasserdampf kondensiert. Dann sinkt die Temperatur um etwa 1 Grad Celsius auf 100 Meter (trockenadiabtischer Aufstieg). Danach wird sie nur noch um 0,65 Grad Celsius pro 100 Meter kühler (feuchtadiabatischer Aufstieg). Ab der Höhe, in der Kondensation stattfindet, bilden sich Wolken. Ein Luftpaket, das vom Erdboden aufsteigt, muss physikalisch gesehen Arbeit verrichten. Die Energie für diese Arbeit entzieht sich das Luftpaket selber und die Luft wird kühler (1. Hauptsatz der Thermodynamik). Es wird also nicht kühler, weil die umgebende Luft diese abkühlt, dazu läuft das Aufsteigen viel zu schnell ab. Ein Luftpaket steigt so lange nach oben, wie dieses in der jeweiligen Höhe wärmer und damit leichter ist als die umgebende, sozusagen ruhende Luft. Unregelmäßigkeiten in diesem Zusammenhang sind so genannte Inversionen. Die aufsteigende Luft kommt nur bis zum Unterrand der Inversion, kann sie aber nicht durchdringen. Unterhalb der Inversion sammeln sich Wasserdampf und Dreck in der Atmosphäre, was dann zu Hochnebel und Smog führen kann.

Die Legende von Ikarus musste ich auf der Schule aus dem Lateinischen und dem Griechischen übersetzen und keiner der Humanisten hat uns auf den physikalischen Fehler in der Geschichte hingewiesen. Da bewahrheitet sich einmal wieder der alte Spruch: Schoten und nette Geschichten müssen gut sein, nicht wahr.

Vor Sonnenaufgang ist es am kältesten

Tagsüber erwärmt die Sonne die Erde. Luft oder Wolken sind relativ transparent für das kurzwellige Sonnenlicht, erst am Boden wird dieses Licht absorbiert und in langwellige Strahlung umgewandelt. Diese langwellige Strahlung wird von der Luft absorbiert und erwärmt diese. Nachts gibt der Boden weiterhin langwellige Strahlung ab und kühlt sich und damit auch die untersten Luftschichten ab. Bei Sonnenaufgang steht die Sonne ganz nah am Horizont, die Strahlen haben einen weiten Weg durch die Atmosphäre und erwärmen den Boden noch nicht. Erst wenn die Sonne höher steht, kann sie den Boden wieder erwärmen. Damit steigt dann auch die Temperatur der Luft. Nach einer wolkenlosen Nacht kann es dann passieren, dass die Temperatur ein bis zwei Stunden nach Sonnenaufgang noch leicht sinkt. Wenn morgens Wolken aufziehen, gelten diese Überlegungen nicht mehr. Denn die Wolken reflektieren die langwellige Strahlung und verhindern somit ein weiteres starkes Auskühlen.

Altweibersommer, Hundstage und Wetterfrösche

Abends klärt schlechtes Wetter immer auf

Einem Tief ist es völlig egal, wann es sein Wetter bei uns ablädt. Seine Fronten kommen bei Tag und bei Nacht. Wenn es also schon den ganzen Tag geregnet hat und die zugehörige Front bleibt an Ort und Stelle liegen, dann regnet es über den Abend hinaus bis tief in die Nacht.

Lediglich bei konvektiven Niederschlägen, also bei einem Mix aus Sonnenschein und Regenschauern, darf man mit untergehender Sonne darauf vertrauen, dass sich auch die Regenschauer in Wohlgefallen auflösen. Ihnen fehlt ohne die Sonne der Antriebsmotor.

Bauernregeln vom 1. und 3. September, Ägidius und Sophie

Gib auf Ägidien wohl acht, er sagt dir, was der Monat macht.

September schön in den ersten Tagen, will den ganzen Herbst ansagen (Sophie).

Beide stimmen: Die Wetterverhältnisse um diesen Tag geben einen Hinweis auf den Witterungsverlauf des ganzen Monats. Fällt der Monatswechsel zu kühl aus, so folgt in zwei von drei Fällen auch ein kühler Gesamtmonat. Ist es dagegen zu warm um diese Zeit, dann folgt in drei von fünf Fällen ein insgesamt zu warmer September. Gleiches gilt übrigens auch für den Regen.

Auf den Kanaren herrscht immer schönes Wetter

Auf den Kanaren herrscht ewiger Frühling. So sagt man zumindest und so werben einige der kanarischen Inseln das ganze Jahr über um die Gunst der Urlauber. Langjährige Klimareihen können nicht lügen: Im Mittel herrschen in Las Palmas auf Gran Canaria Temperaturen um 20 Grad Celsius und an nur etwa 45 Tagen im Jahr fällt mehr Regen als 0,1 Liter auf den Quadratmeter. Das hört sich doch gut an!

Es sind zwei Effekte, die das Klima auf den Kanaren wesentlich beeinflussen: Der Nordostpassat und der Kanarenstrom. Der Nordostpassat sorgt fast das ganze Jahr über für kühlenden nördlichen Wind. Er bringt Feuchtigkeit und somit Regen. Der Kanarenstrom versorgt das Kanarengebiet mit frischem, kühlem und nährstoffreichem Wasser aus nördlichen Regionen. So sind die Wassertemperaturen das ganze Jahr über ziemlich ausgeglichen, sie steigen nur ganz selten auf bis zu 25 Grad Celsius an.

Aber es kann auch ganz anders gehen: Am 28. und 29. November 2005 zog der Tropische Sturm „Delta" zwischen den Kanaren und Madeira durch. „Delta" hatte auf dem Höhepunkt seiner Entwicklung Mittelwinde von 111 km/h und Böen mit bis zu 139 km/h. Vor allem die Kanaren gelangten in das Sturmfeld, auf den Inseln entstand damals erheblicher Schaden an Gebäuden, am Straßennetz und in der Landwirtschaft. 19 Todesopfer waren zu beklagen, mehrere 100.000 Menschen waren zum Teil tagelang ohne Strom. Funchal auf Madeira registrierte bei der Passage des Sturms eine Regenmenge von 64 Litern pro Quadratmeter.

„Delta", der 25. Sturm der Hurrikan-Saison 2005, hatte sich über dem Atlantik gebildet. Dass er sich ostwärts in Richtung der Kanaren bewegte, bezeichneten Meteorologen als „äußerst seltenes Phänomen". Aber: Auch auf den Kanaren gibt es mal schlechtes Wetter.

In Sibirien ist es immer frostig

Rudi Carrell hat in seinem Lied „Wann wird's mal endlich wieder Sommer" von einem sibirischen Sommer gesungen und damit einen kalten, verregneten europäischen Sommer gemeint. Sibirien hat den Ruf als Kältekammer der Nordhemisphäre. Zu Recht?

Das Klima Sibiriens ist kontinental. Die durchschnittliche Jahrestemperatur beträgt in der Tat in ganz Sibirien weniger als 0 Grad Celsius. Der Nordosten Sibiriens ist in der Tat die kälteste Gegend der Nordhalbkugel. Kälte-Rekorde liegen bei unter minus 60 Grad Celsius. So gilt die Siedlung Oimjakon sogar als „Kältepol der bewohnten Erde" – dort wurde 1938 ein Rekordwert von minus 77,8 Grad Celsius gemessen.

Im Norden erstreckt sich das Tiefland der Tundra und zeichnet sich durch lange, dunkle Winter und kurze, recht kühle Sommer aus. Also viel Schnee und im Juli im Schnitt nicht mehr als zehn Grad Celsius. Weiter südlich geht die Tundra in die Taiga über, die sich durch ganz Sibirien zieht. Auch hier gibt es extrem kalte Winter, allerdings sind die Sommer etwas wärmer. Der Süden Sibiriens bietet ebenfalls raue Winter, aber auch kurze, zum Teil ziemlich warme Sommer, in denen die Temperatur auf 30 Grad Celsius und mehr steigen kann. Ein „sibirischer Sommer" hat also eine riesige Bandbreite – und etwas von ihm passt wohl auch immer zum besungenen europäischen Sommer.

Im März kommt der Frühling

Im Märzen der Bauer die Rösslein einspannt ... na klar, denn nun kommt der Frühling. Für die Meteorologen beginnt der Frühling aus statistischen Gründen immer am 1. März. Astronomisch wird er durch das Äquinoktium (Tag-und-Nacht-Gleiche) festgelegt. Dieser Zeitpunkt variiert und fällt, abhängig vom Abstand zum letzten Schaltjahr, auf der Nordhalbkugel auf den 20. oder 21. März, selten auch auf den 19. März.

Nun sollte man meinen, dass die Temperaturen nach diesem Datum peu à peu steigen. Aber es kann auch ganz anders kommen. Stichwort: Märzwinter, der den Frühling regelrecht auf Eis legt. Und das passiert häufig. Es handelt sich dabei um einen Einbruch kalter Luft aus arktischen Breiten. Dieser Kälteeinbruch stellt sich meist dann ein, wenn der vorangegangene Winter milde ausgefallen ist und nur wenig Schnee gebracht hat. Aber was haben die winterlichen Schneemassen mit dem Frühling zu tun?

Liegt wenig oder nur eine dünne Schneedecke, so ist dieser von der Märzsonne rasch weggetaut und die Sonnenstrahlung kann so den Boden rascher aufheizen. Besonders nach einer freundlichen und milden Periode, man wähnt sich schon im sicheren Frühling, bricht die Kaltluft ein, und das aus gutem Grund. Die erwärmte Luft steigt großräumig auf und am Boden entsteht ein Defizit an Luft, es muss also etwas nachströmen. Nichts ist da geeigneter als die Luft, die über den polaren Gebieten kalt und schwer am Boden liegt und auf ihre Chance nach Süden wartet. Und schon ist er da, der Kälteeinbruch. Solche Kaltluftvorstöße können bis in den Mittelmeerraum reichen.

Im Bermudadreieck spielt das Wetter verrückt

Im Bermudadreieck, mitten in der Karibik, verschwinden Flugzeuge vom Radarschirm und ganze Schiffe tauchen nicht mehr auf – spurlos verschwunden, obwohl kein Unwetter angesagt war. Die verheerenden Stürme scheinen offensichtlich aus heiterem Himmel zu kommen und dort nach getaner Arbeit auch wieder zu verschwinden, oder?

Tatsächlich herrschen dort oft Stürme, die man als Ursache für das Verschwinden zahlreicher Objekte verantwortlich machen kann. Aber reicht das? Geowissenschaftler haben im Gebiet des Bermudadreiecks riesige Methangas-Vorkommen gefunden. In Wassertiefen von 500 bis 2.000 Metern kann sich bei kalten Temperaturen und hohem Druck Methanhydrat bilden, das sind eisähnliche Brocken. Ändern sich Druck und Temperatur beispielsweise durch veränderte Meeresströmungen, entweicht Methan langsam. Geschehen diese Änderungen jedoch abrupt, etwa durch ein Seebeben, kann sehr rasant ein großer Teil eines Methanhydratvorkommens in seine Bestandteile Methan und Wasser zerlegt werden. Das gasförmige Methan steigt in Blasen auf und verringert dabei die Dichte des Wassers erheblich. Der Auftrieb von Schiffen und U-Booten nimmt dadurch so rasch und stark ab, dass sie innerhalb von Sekunden sinken. Dieses Phänomen wird als „Blowout" bezeichnet.

Außerdem entstehen beim Aufsteigen des Methangases durch die Reibung mit dem Wasser elektrische Ladungen, die Ausfälle elektrischer und magnetischer Geräte und Instrumente erklären können. Möglich wären auch extrem hohe Wellen, so genannte Freakwaves, die durch Überlagerungen von Wellen entstehen. Die Amplituden dieser Wellen summieren sich dabei gewaltig. Derartige Überlagerungen sind im Bermudadreieck aus geologischen Gründen mit erhöhter Wahrscheinlichkeit möglich.

Es gibt viele Standpunkte und Möglichkeiten – dem stürmischen Wetter allein darf man die mysteriösen Zwischenfälle nicht in die Schuhe schieben.

In England gibt es immer nur Regenwetter

Die alten Edgar-Wallace-Romane belegen es: In England herrscht immer dicke Suppe, es regnet dort unaufhörlich und es ist düster, einen freundlichen Tag gibt es kaum. Aber so viel regnet es in England gar nicht. Die Jahresniederschlagssummen liegen nicht deutlich über denen in Deutschland. London hat zum Beispiel im Jahr durchschnittlich 150 Tage mit Regen, in Berlin sind es hingegen etwa 125 Tage. Noch näher liegen die beiden Städte beisammen, wenn man die Jahresniederschlagssumme anschaut: Sie beläuft sich in London auf 590 Liter, in Berlin auf 580 Liter – also nur unerheblich weniger. Es ist vielmehr der wechselhafte Wettercharakter, der den Eindruck erweckt, es gäbe in England nur schlechtes Wetter. Länger andauernde Schönwetterperioden sind in der Tat eine ausgesprochene Seltenheit.

Im Winter ist das Wetter am Mittelmeer immer schön

Das ist nicht ganz richtig. Im Winter fällt im Mittelmeerraum der Hauptteil der Niederschläge. Das nennt sich dann Winterregengebiet. Die Sommer sind dagegen trocken und heiß. Das ist folgendermaßen zu erklären: Der Mittelmeerraum liegt im Sommer im Bereich des subtropischen Hochdruckgürtels. Dementsprechend gibt es trockene, heiße Luft und schönes Sommerwetter. Im Winter verschiebt sich dieser subtropische Hochdruckgürtel südwärts in Richtung Äquator.

So breitet sich im Winter die Westwindzone aus. Folglich gelangt kühlere Luft über das noch immer recht warme Wasser des Mittelmeeres und es kommt zur Bildung von Tiefs. Und die bringen reichhaltige Niederschläge. Durch die unmittelbare Nachbarschaft des warmen Meeres bleiben die Winter aber relativ mild, zudem kann die Nähe des Azorenhochs auch in den Wintermonaten Schönwetterperioden hervorzaubern.

Bauernregeln vom 16. Oktober, St. Gallus

Gießt's an St. Gallus (16. Oktober) wie ein Fass, wird der nächste Sommer nass. Ist St. Gallus trocken, folgt ein Sommer mit nassen Socken. Einem trockenen Gallustag, ein trockener Sommer folgen mag.

Alle stimmen nicht: Viele Regeln beziehen sich auf den St. Gallustag, wobei die Aussagen widersprüchlich sind. Ist St. Gallus zu trocken, so kann der nächste Sommer zu trocken oder zu nass ausfallen. So zeigt sich beispielsweise im Berliner Raum eine schwache Tendenz zu einem nassen Sommer, während dieser Trend in anderen Gebieten durchaus anders sein kann.

Abendrot verspricht immer schönes Wetter
Das Sonnenlicht ist ursprünglich weiß. An Luftmolekülen und feinen Staubteilchen wird das Licht gestreut und in seine Farbkomponenten aufgespalten. Das blaue Licht wird deutlich mehr gestreut als das rote. Am Abend und am Morgen ist der Weg durch die Atmosphäre länger als zur Mittagszeit. Das heißt, abends und morgens kommen kaum noch Anteile vom blauen Licht auf der Erde an, der Himmel färbt sich rot. So entsteht das Himmelsblau oben und unten gibt es eher rote Töne. Abends ist die Luft in der Regel feuchter und es gibt mehr Streuung. Deshalb ist ein Abendrot meistens intensiver als ein Morgenrot. Bei uns wird das Wettergeschehen durch Westwinde bestimmt. Ein schönes Abendrot kann sich nur ergeben, wenn der Himmel im Westen klar ist und sich im Osten viele Wolken von einem abziehenden Regengebiet befinden, die das rote Licht reflektieren. Diese Wolken haben aber mit dem Wetter von morgen nichts mehr zu tun. Der nächste Tag wird schön. Die Regel stimmt bei Westwind. Bei Ostwind allerdings kann Abendrot durchaus ein Schlechtwetterbote sein.

Übrigens, die andere Regel, „Morgenrot schlecht Wetter droht", stimmt. Die Sonne steht im wolkenfreien Osten und strahlt die Schleierwolken im Westen an. Diese sind die ersten Anzeichen eines heranziehenden Regentiefs.

Alle Gletscher schmelzen schon jetzt wegen des Klimawandels

Der Klimawandel lässt vor allem die Gletscher in den Alpen stark abschmelzen. Der Vergleich heutiger Fotos mit alten Gemälden belegt das eindrucksvoll. Allerdings gibt es in Europa, vor allem in Norwegen, auch Gletscher, die noch wachsen. Aber auch das spricht paradoxerweise für eine globale Erwärmung.

Die Westwetterlagen nehmen durch die globale Erwärmung in Norwegen zu, die Winter werden dort milder und deshalb fällt deutlich mehr Schnee. Wärmere Luft kann viel mehr Wasserdampf aufnehmen als eisigkalte Luft, deshalb fällt bei uns auch im Sommer mehr Regen als im Winter. Dieser Schnee verdichtet sich mit der Zeit zu Gletschereis. Dies wird aber nur ein kurzfristiger Effekt sein. Sollte es noch wärmer werden, wird auch in Norwegen im Winter mehr Regen als Schnee fallen und die Gletscher werden auch dort schmelzen. Reaktionen auf den Klimawandeln zeigen sich bei Gletschern in der Regel erst nach 15 bis 25 Jahren. An diesem Beispiel zeigt sich, wie komplex und unterschiedlich sich der Klimawandel auswirken kann.

Am Toten Meer kann man keinen Sonnenbrand bekommen

Das Tote Meer in Israel ist ein ganz besonderer Ort: Zum einen durch seine Lage 400 Meter unterhalb des Meeresspiegels, zum anderen natürlich durch seinen hohen Salzgehalt. Im Toten Meer kann man deswegen nicht untergehen und auf dem Rücken liegend Zeitung lesen, ohne Schwimmbewegungen zu machen. Der Salz- und Mineralgehalt hat aber auch im Zusammenhang mit viel Sonnenschein eine hohe therapeutische Wirkung bei Menschen mit Schuppenflechte – schließlich scheint dort im Schnitt an 300 Tagen die Sonne. Sonnenschein und Mineralien ergeben eine gute Kombination. Deshalb ist das Tote Meer ein beliebtes Reiseziel für kranke Menschen. In der Presse oder Reiseberichten ist dann oft in diesem Zusammenhang noch zu lesen, dass man am Toten Meer keinen Sonnenbrand bekommt. Das ist falsch. Richtigerweise müsste es heißen: Die Sonnenbrandgefahr ist unerwartet gering bei so viel Sonnenschein, fast immer wolkenlosem Himmel und dem hohen Stand der Sonne. Es ist natürlich auch am Toten Meer möglich, einen Sonnenbrand zu bekommen. Aber: Durch die besondere Lage von 400 Metern unter dem Meeresspiegel, muss das Sonnenlicht durch eine 400 Meter dickere Luftschicht als auf Meeresniveau. Dadurch wird das Sonnenlicht geschwächt. Zusätzlich enthält die Luft am Toten Meer viele Aerosolteilchen, das sind einfach gesagt kleine Staub- und Dreckteilchen. Unter diesen Aerosolteilchen enthält das Wüstenaerosol auch Hämatit-Anteile, die besonders stark im UV-Bereich absorbieren. Daher ist die UV-Strahlung am Toten Meer um 30 Prozent geringer als im nahe gelegenen Beerscheba, das 300 Meter über dem Meeresspiegel liegt. Aber es kommt immer noch genug UV-Licht am Boden an, um einen Sonnenbrand zu bekommen – es dauert halt nur etwas länger.

Aus einzelnen Unwettern kann der Klimawandel hergeleitet werden

In den letzten Jahren hat es weltweit verheerende Stürme und Überflutungen gegeben. Jede einzelne Katastrophe wird mit dem Klimawandel in Verbindung gebracht. In Deutschland beispielsweise der Jahrhundertorkan „Lothar" am 2. Weihnachtstag 1999, die beiden schweren Januarstürme „Franz" am 11./12. Januar 2007 und „Kyrill" am 18./19. Januar 2007, die Oderflut 1997 und die Elbeflut 2002. Diese Katastrophen werden so schnell nicht vergessen. Aber auch wenn die Ereignisse in ihrer Art und Heftigkeit einzigartig gewesen sind, kann jedes einzelne an sich nicht herangezogen werden, um den Klimawandel zu belegen.

Unwetter und schwere Katastrophen hat es immer schon gegeben, wie etwa 1968 den Tornado in Pforzheim, der eine 27 Kilometer lange Spur der Verwüstung nach sich gezogen hat, oder die Sturmflut in Hamburg 1962. Einzig die Anhäufung von Katastrophen, wie wir sie derzeit erleben, ist eventuell ein Indiz für einen Klimawandel. Aber auch das ist schwer zu beweisen, denn dafür sind sehr lange Zeitreihen nötig, da die Katastrophen per Definition an sich sehr selten auftreten. Diese langen Zeitreihen sind aber leider nicht vorhanden. Trotzdem wird der Trend zum Klimawandel im Moment von keinem ernstzunehmenden Wissenschaftler mehr geleugnet, die Beweiskette läuft jedoch nicht über Einzelereignisse.

CO_2 ist das effektivste Treibhausgas

Die Konzentration von CO_2 (Kohlendioxid) ist seit dem Zeitalter der Industrialisierung um 1880 von 280 ppm (parts per million, Anteile pro Million) auf etwa 380 ppm heutzutage angestiegen. Bei Methan wird noch ein viel größerer prozentualer Anstieg von 700 ppb (parts per billion, Anteile pro Milliarde) auf 1825 ppb gemessen. CO_2 trägt zu 60 Prozent am anthropogenen, also am zusätzlichen menschengemachten Treibhauseffekt bei, Methan zu 20 Prozent. Rechnet man jetzt mal die Effektivität eines Moleküls aus, so ist ein Methanmolekül ca. 600-mal stärker am Treibhauseffekt beteiligt als ein CO_2-Molekül und ein FCKW-Molekül sogar fünf Millionen mal mehr. Methan und CO_2 nehmen derzeit jedes Jahr ungefähr um 0,4 Prozent zu. Dabei trägt die Zunahme des Methans mehr zum Treibhauseffekt bei als die Zunahme des CO_2. Wir sollten daher alle klimarelevanten Treibhausgase im Auge behalten und nicht nur das CO_2.

Methan entsteht vor allem in der Landwirtschaft: beim Nassreisanbau und in der Viehzucht von verdauenden Kühen. Noch etwas weiß man: Die Konzentrationen von CO_2 und Methan waren laut Eiskernbohrungen in den letzten 500.000 Jahren nicht so hoch wie heute.

Biowetter ist Quatsch!

Das Wetter hat keinen Einfluss auf unser Wohlbefinden, so denken viele Menschen. Nach Studien von Prof. Dr. Höppe aus München und auch von Prof. Dr. Jendritzky aus Freiburg, die sich mit dem Phänomen Wetterfühligkeit beschäftigen, reagieren aber über 50 Prozent der Deutschen empfindlich auf Wetteränderungen. Dass dies Einbildung sei, wird immer wieder behauptet. Aber warum? Wetter umgibt uns Tag für Tag und hat natürlich Einfluss auf unseren Organismus. Im Winter produzieren wir wegen zu wenig Licht vermehrt das Hormon Melatonin, das ein Stimmungshemmer ist. Im Sommer sind wir besser drauf, da wird mehr Serotonin gebildet, was die Laune hebt. Im Frühjahr quält uns oft die Frühjahrsmüdigkeit. Smog, Pilzsporen, Pollen aller Art beeinflussen unser Wohlbefinden. Bei zu viel Sonne in der Mittagshitze droht Sonnenbrand. Empfindliche Menschen reagieren auf bodennahes Ozon mit Schleimhautreizungen. Diese Einflüsse des Wetters leugnet niemand. Ursache und Wirkung sind bekannt und nachvollziehbar.

Bei einem Wetterwechsel sieht das anders aus. Da sind zwar die Wirkungen wie Kopfschmerzen, Abgeschlagenheit, Narbenschmerzen, usw., bekannt, nicht aber wie der Mechanismus funktioniert oder was die Wetterfühligkeit auslöst. Bis heute ist dies noch nicht geklärt. Ursache dafür können der Luftdruck und die so genannten Sferics (das sind atmosphärische Störungen) sein.

Eine Studie von Prof. Dr. Höppe hat gezeigt, dass Probanden, die sich als wetterfühlig bezeichnen, zum Teil Wetterumschwünge zuverlässig registriert haben. Dabei reagieren die meisten Menschen wohl auf Luftdruckänderungen. Für die Wahrnehmung von Luftdruck hat der Mensch aber kein offensichtliches Sinnesorgan so wie etwa die Nase zum Riechen oder die Augen zum Sehen. Deshalb ist es den Menschen nur möglich, unterbewusst den Druck wahrzunehmen. Die Wissenschaft tut sich noch schwer, dieses Phänomen zu erklären. Laut Prof. Dr. Höppe ist momentan die plausibelste Hypothese, dass das Wetter an den Barorezeptoren wirkt. Das sind kleine Barometer, die sich in den Gefäßwänden der Aorta und der meisten größeren Schlagadern befinden. Ihre eigentliche Aufgabe ist es, den arteriellen Blutdruck auf einem konstanten Niveau zu halten. Aber mit ihnen könnte der Mensch solche Druckschwankungen wahrnehmen. Wenn man vorgeschädigt ist, könnte es sein, dass diese Signale falsch interpretiert werden und zu schmerzhaften Fehlsteuerungen führen.

Der zweite Übeltäter sollen Sferics sein. Sferics ist die englische Abkürzung für atmosphärische Störungen. Das sind extrem kurzzeitig auftretende elektromagnetische Wellen, die durch Blitze erzeugt werden. Da es weltweit laufend Gewitter gibt, breiten sie sich über die gesamte Atmosphäre aus und können sehr weit vom Ort der Entstehung auftreten. Ihre Entladungen sind nicht sichtbar und deshalb werden sie auch „Dunkelblitze" genannt. Seit Anfang des 20. Jahrhunderts werden Sferics registriert, weil sie das Knacken und Rauschen im Radio verursachen.

Die Wetterfühligkeit macht sich vor allem bei Schwachstellen im Körper oder Vorerkrankungen bemerkbar. Seinen Körper gesund und fit zu halten ist die beste Voraussetzung, nicht unter dem Wetter zu leiden. Auch wenn die Wirkungsweisen noch nicht geklärt sind, haben Sie Verständnis mit den armen, geplagten Wetterfühligen – das ist keine Ausrede.

Der Hundertjährige Kalender macht eine gute Prognose

Wird das aktuelle Wetter übers Jahr mit dem Hundertjährigen Kalender verglichen, hat der Hundertjährige Kalender eine Trefferquote von 50 Prozent. Jeder von uns kann ohne den Hundertjährigen Kalender eine bessere Prognose machen, und das ist ziemlich einfach. Das liegt an der so genannten Erhaltungsneigung des Wetters. Wenn es mal regnet, dann mehrere Tage hintereinander. Hat sich erstmal ein Hoch bei uns im Sommer breit gemacht, hält es sich ein paar Tage oder auch Wochen. Die Vorhersage „heute Regen, dann morgen auch", ist rein statistisch gesehen schon zu 67 Prozent richtig. Damit ist die Güte des Hundertjährigen Kalenders im Bereich des Zufalls anzusiedeln.

Allerdings ist er ein gutes Beispiel dafür, wie wichtig die Wetterprognose für die Menschen früher war. Sie haben nach allem gelechzt, was dem Wetter seine überraschenden Momente nahm, schließlich hing früher vom Wetter oft noch das eigene Leben ab. Bei Missernten drohten Hungersnöte. Der Abt des Klosters Langheim, Moritz Knauer, hat in den Jahren 1652 bis 1659 das Wetter täglich beobachtet und aufgezeichnet, allerdings ohne die heute gängigen Messgeräte, von denen die meisten damals noch nicht erfunden waren. Nach sieben Jahren Wetterbeobachtung stellte er fest, das Wetter wiederholt sich. Die Sieben war in der damaligen religiös geprägten Zeit ein heilige Zahl, der natürlich eine große Bedeutung zugeschrieben wurde. Abt Knauer glaubte wie viele Menschen der damaligen Zeit, dass die Planeten einen Einfluss auf das Wetter ausüben. Damals kannte man erst fünf Planeten. Deshalb mussten Sonne und Mond herhalten, um auf die heilige Zahl Sieben zu kommen. Jedem Jahr wurde ein bestimmter Planet und diesem Planeten gewisse Witterungseigenschaften zugeordnet. Alle sieben Jahre sollte sich nach diesem Kalender das Wetter stetig wiederholen. Was für eine grauenhafte Vorstellung für Meteorologen. Sie hätten auf einen Schlag keinen Job mehr, beziehungsweise der Beruf wäre nie entstanden. Nun wissen wir heute, dass nur die Sonne für unser Wetter verantwortlich ist und alle Planeten und auch der Mond keine Rolle spielen. Eine Überprüfung von mehreren 250-jährigen Messreihen hat zudem ergeben, dass ein regelmäßiger Zyklus beim Wetter nicht zu erkennen ist.

Von dem Abt Knauer stammt also der Siebenjährige Kalender. Wie kam es dann zum Hundertjährigen Kalender? Der in Erfurt tätige Arzt und Verleger Christoph Hellwig veröffentlichte nach dem Tode von Abt Knauer dessen Kalender und legte dafür einfach die Jahre 1701 bis 1801 zugrunde. Das war nach heutiger Sicht ein klasse Marketingtrick, denn bis heute verkauft sich der Hundertjährige Kalender prächtig. Und bis heute hat sich ja auch die enge Verzahnung von Meteorologie und Medien gehalten, wenn auch auf einem viel ernster zu nehmenden Niveau.

Der Altweibersommer hat was mit alten Weibern zu tun

Der Begriff Altweibersommer meint eine beständige Schönwetterperiode zum Ausklang des Sommers, die bis in die ersten Oktobertage und demnach bis in den Herbst hinein reichen kann. Damit ist keinesfalls ein Sommer für alte Weiber gemeint. Der Ursprung dieser Bezeichnung führt weit zurück in die Vergangenheit, nämlich in die germanische Mythologie. Mit „weiben" wurde im Altdeutschen das Knüpfen von Spinnweben bezeichnet. Seinen Namen hat der Altweibersommer daher von glitzernden, hauchdünnen Spinnfäden, die uns bei einem Herbstspaziergang oft unvermutet über das Gesicht streifen oder sich in unseren Haaren verfangen. Mit warmen Aufwinden, die sich tagsüber entwickeln, lassen sich Jungspinnen an langen, selbst gesponnenen Fäden, davontragen. Nicht nur im Flug zwischen den Bäumen findet man die Fäden, sondern auch zwischen Gräsern, Zweigen und Büschen, an Dachrinnen und Fensterläden, an Zäunen und Mauern, also überall dort, wo der Wind sie hinträgt. In kühlen Nächten bilden sich Tautröpfchen an den Spinnfäden und so glitzern die Fäden am nächsten Morgen in der Sonne. Diese Spinnfäden erscheinen wie das silberne, lange Haar alter Frauen.

Zum Altweibersommer gibt es noch eine Geschichte: Eine Frau, Jahrgang 1911, fühlte sich von diesem Begriff diskriminiert und wollte ihn gerichtlich verbieten lassen. Am 2. Februar 1989 wurde ihre Klage am Landgericht Darmstadt zurückgewiesen – am selben Tag, an dem in ganz Deutschland Altweiberfastnacht gefeiert wurde ...

Der Klimawandel sorgt weltweit für höhere Temperaturen

Der Klimawandel wird vor allem durch die höhere Konzentration von CO_2, Methan, Lachgas und anderen Spurengasen hervorgerufen. Durch den Treibhauseffekt steigt die Temperatur im Mittel auf der Erde, das berechnen die neuesten Klimamodelle. Im Mittel höhere Temperaturen heißt aber nicht, überall auf der Erde wird es wärmer. Durch die Verbrennung vor allem von schwefelhaltiger Kohle entstehen auch Sulfat-Aerosole in den Abgasen. Diese Aerosole reflektieren das Sonnenlicht. Dadurch kann es regional sogar zu einer Abkühlung kommen – so etwa in China. Das dortige Wirtschaftswachstum wird vor allem durch den vermehrten Einsatz von Kohle vorangetrieben. Die Klimamodelle gehen daher bis zum Jahre 2050 bei einer gleich bleibenden Entwicklung des Einsatzes fossiler Brennstoffe von einer Abkühlung über China von einem Grad Celsius oder mehr aus. Aber auch über den westlichen Industriestaaten sorgen diese Sulfat-Aerosole für eine Verminderung der Erwärmung.

Der Meeresspiegel erhöht sich bei einer Klimaerwärmung nur deshalb, weil das Eis an den Polen schmilzt

Satellitenmessungen haben ergeben, dass sich seit 1993 der Meeresspiegel um 2,4 Millimeter jährlich erhöht. In den letzten 100 Jahren waren das insgesamt rund 24 Zentimeter. Davon geht die Hälfte auf das Abschmelzen von Eismassen der Gletscher zurück, die andere Hälfte auf die thermische Ausdehnung des Wassers, das in den letzen Jahren ebenfalls wärmer geworden ist. Der weitere Anstieg des Meeresspiegels in den nächsten Jahren wird ebenfalls maßgeblich von der thermischen Ausdehnung des Wassers bestimmt. Wenn Wasser erwärmt wird, dann wird den Molekülen Energie zugeführt. Sie beginnen zu schwingen, brauchen mehr Platz um sich herum und der Druck erhöht sich. Bleibt der Druck konstant, dann vergrößert sich das Volumen. Wasser dehnt sich allerdings bei weitem nicht so stark aus wie ein Gas, weil die Anziehungskräfte zwischen den Molekülen sehr groß sind. Daher lässt es sich auch nur unter ganz erheblich großem Druck, etwa in großen Meerestiefen, „zusammendrücken".

Die gigantischen Eismassen Grönlands und auch die der Antarktis würden beim völligen Abschmelzen einen Anstieg der Weltmeere um 80 Meter hervorrufen. Ein Land wie Holland oder auch die Deutsche Küste, wie wir sie jetzt kennen, gäbe es dann nicht mehr. Diese Eismassen reagieren aber nur sehr langsam auf den Treibhauseffekt und werden in den nächsten 100 Jahren nicht zum Anstieg der Weltmeere beitragen. Sollte es aber einmal so weit kommen, wäre dies eine Katastrophe ungeahnten Ausmaßes.

Das Eis am Nordpol sowie das gesamte Packeis, beides Eismassen, die auf dem Wasser schwimmen, tragen nicht zum Anstieg der Weltmeere bei. Wir kennen den Effekt von Eiswürfeln in einem Getränk:

Wenn diese geschmolzen sind, läuft das Getränk im Glas auch nicht über. Der Anstieg des Meeresspiegels wird trotz Klimawandels für die nächsten 100 Jahre zunächst nicht vom Abschmelzen der Pole bestimmt. Dann wird man weitersehen ...

Der Treibhauseffekt ist generell eine schlechte Sache

Der natürliche Treibhauseffekt, hervorgerufen durch das Treibhausgas Nummer eins, den Wasserdampf, ist für uns lebensnotwendig. Würde dieses Gas in unserer Atmosphäre fehlen, hätten wir eine Durchschnittstemperatur von minus 18 Grad Celsius auf der Erde und Leben, wie wir es kennen, würde nicht existieren.

Wie funktioniert der Treibhauseffekt? Die kurzwellige Strahlung der Sonne gelangt relativ ungehindert durch die Atmosphäre zur Erde. Beim Auftreffen auf die Erdoberfläche wird sie umgewandelt und als langwellige Wärmestrahlung reflektiert. Diese langwellige Strahlung kann nicht so einfach durch die Atmosphäre zurück ins Weltall. Sie wird zum Teil von Spurengasen, darunter vor allem Wasserdampf, reflektiert. Die Durchschnittstemperatur liegt durch diesen Effekt weltweit bei plus 15 Grad Celsius – das sind immerhin 33 Grad Celsius Unterschied zu einer Erdatmosphäre ohne Wasserdampf.

Die Hundstage wurden nach in der Hitze leidenden Hunden benannt

Mit den Hundstagen ab dem 23. Juli werden die heißesten Tage im Jahr bezeichnet. Der Name kommt aber gar nicht aus der Meteorologie, sondern bezieht sich auf ein astronomisches Datum. Die Hundstage haben im alten Ägypten die Rückkehr des Sirius an den Morgenhimmel bezeichnet. Sirius ist der Hauptstern im Sternbild des Großen Hundes und daher rührt auch der Name für diese Tage.

Wichtig waren die Hundstage für die Menschen im alten Ägypten, denn mit dem Auftauchen des Sirius verbanden sie die bald kommenden Nilüberschwemmungen. Diese erste Überschwemmung des Jahres brachte fruchtbaren Schlamm auf ihre Felder entlang des Nils. Für diese Nilüberschwemmungen ist die Regenzeit im weit entfernten Zentralafrika verantwortlich. Das Zusammentreffen vom Auftauchen des Sirius am Sternenhimmel mit der Regenzeit im Quellgebiet des Nils führte zum Begriff der Hundstage – und hat so doch noch ganz entfernt etwas mit dem Wetter zu tun. Für uns haben die Hundstage nicht mehr die Bedeutung wie für die alten Ägypter. Bei uns ist nur der Name geblieben und viele Menschen kennen die eigentliche Bedeutung nicht. Deshalb hält sich immer noch der falsche Bezug dieser Julitage zu den vermeintlich bei heißem Wetter leidenden Hunden.

Die Wetterprognose stimmt nie

Dieses Vorurteil begleitet uns Meteorologen unser ganzes Leben lang. Das wird sich wohl nie ändern lassen. Denn jede noch so winzige Fehlprognose, über die sich jemand ärgert, bleibt viel länger tief im Gedächtnis haften als jede richtige Prognose – denn diese wird ja von den Meteorologen richtigerweise immer erwartet. Aber wie schlecht sind wir denn eigentlich in der Wetterprognose? Um mich von dem Vorurteil zu befreien, ändere ich die Frage ab in: Wie gut sind wir Meteorologen denn eigentlich?

Die numerische Wettervorhersage mit Computermodellen gibt es seit den 50er Jahren des letzten Jahrhunderts. In diesen 70 Jahren liegt die Genauigkeit in der Vorhersage beim Deutschen Wetterdienst (DWD) bei über 70 Prozent. Sie konnte durch höhere Rechenleistung der Computer und durch Verbesserung der Computerprogramme für die nächsten 24 Stunden sogar heutzutage auf 97 Prozent gesteigert werden. Sehr auffällig ist der markante Anstieg in den 1990er Jahren um teilweise fast zehn Prozent. Wurde bis dahin nur das Wetter auf der nördliche Halbkugel simuliert, wurde ab da in den Vorhersagemodellen die südliche Hemisphäre miteinbezogen. Der dortige Einfluss auf unser Wetter ist doch sehr groß, wie die verbesserten Ergebnisse zeigen. Die größten Steigerungen bei der Prognosegenauigkeit hat es aber bei den längerfristigen Prognosen von über einer Woche gegeben. Allerdings ist das Ergebnis dort erst so gut wie bei der ersten Tagesvorhersage in den 1960er Jahren.

Für das Wetter der nächsten drei Tage gibt es in der Regel keine großen Fehlprognosen mehr. Die Prognose wird nicht allein mit den Ergebnissen aus dem Computer errechnet, sondern der Meteorologe schaut sich das Ganze mit seiner Erfahrung an und greift selbstverständlich korrigierend ein. Mit 97 Prozent Vorhersagegenauigkeit für den nächsten Tag sollte endlich einmal mit diesem uralten Vorurteil aufgeräumt sein. Selbstverständlich bleibt Ärgern erlaubt, sollte einmal der seltene Fall der Fälle einer Fehlprognose eintreten.

Bauernregeln vom 11. November, St. Martin
Ist Martini klar und rein, bricht der Winter bald herein.
Wenn die Martinsgänse auf dem Eise geh'n, muss das Christkind im Schmutze steh'n.
Beide stimmen nicht: Zwischen einem sonnigen Martinstag und einem extrem strengen Winter gibt es keinen Zusammenhang. Damit ist wohl eher gemeint, dass eine kalte novemberliche Hochdrucklage bereits einen Vorwinter darstellt. Auch zugefrorene Seen sind im November in Mitteleuropa eigentlich so selten, dass keine Aussage zum Weihnachtswetter gemacht werden kann. Außerdem haben die Gänse um diese Zeit eh einen schweren Stand (Martinsgänse, Weihnachtsgänse).

Frösche können das Wetter vorhersagen

Hyla arborea, dem Gemeinen Laubfrosch, werden mehr Fähigkeiten in Bezug auf das Wetter zugesprochen als dem gemeinen Diplom-Meteorologen an sich. Es wird Zeit, mit diesem Vorurteil aufzuräumen, schließlich werden Meteorologen landläufig auch als Wetterfrösche bezeichnet.

Früher wurde der Wetterfrosch als lebendes Messinstrument in einem Glas gehalten. Darin befand sich eine Leiter, auf der er rauf- und runterklettern konnte. Saß er oben, zeigte er schönes Wetter an, saß er unten schlechtes. Bei warmer Witterung klettert der Frosch nach oben, weil er in seinem Gefängnis dort mehr Sauerstoff bekommt. In der freien Natur bewegt sich der Frosch ebenfalls bei Wärme nach oben, weil seine Nahrung (Fliegen und Mücken) auf Blättern die Sonne genießt – und da muss er halt hinterher, wenn er satt werden will. Bei schlechtem oder feuchtem Wetter findet der Frosch genug Nahrung am Boden. Somit zeigt er allerhöchstens das aktuelle Wetter an. Das kann der Mensch oder der gemeine Meteorologe mit einem Blick in den Himmel ebenfalls. Trotz des Irrglaubens bin ich doch heilfroh, dass den Fröschen die Gabe, das Wetter vorherzusagen, zugeschrieben wird und nicht etwa Trampeltieren, Olmen oder Amöben.

In der Antarktis schneit es viel

In der Antarktis sind die Eispanzer auf dem Kontinent bis zu 5 Kilometer dick. Über dem Südpolarmeer beträgt die Eisdicke immerhin noch 2 Kilometer. Da liegt der Schluss nahe, wo so viel Eis ist, muss es auch viel schneien. Die jährlichen Schneemengen am Südpol liegen aber wegen der großen Kälte nur bei ein paar Zentimetern Neuschnee. Auf Regen umgerechnet ergibt das auf den Quadratmeter nur 2,5 Millimeter Regen pro Jahr. Die Antarktis gehört damit zu den Wüstengebieten auf der Erde. Nur weil der Schnee jahrtausendelang in der Kälte nicht schmelzen konnte, hat sich so eine dicke Eisschicht gebildet.

In der Antarktis können keine richtigen Schneeflocken fallen, denn dazu ist es zu kalt. Bei Temperaturen von minus 20 Grad Celsius fallen nur feine Eiskristalle. In der Antarktis befinden sich rund 75 Prozent der weltweiten Süßwasserreserven – insgesamt sind es 30 Millionen Quadratkilometer Eis, die den südlichsten Kontinent bedecken.

In einer klaren Winternacht vereisen immer alle Autoscheiben

Viele Autofahrer ärgern sich am Morgen nach einer klaren Winternacht über den unweigerlichen Frühsport: Autoscheibenfreikratzen. Mit etwas Geschick kann man sich Arbeit sparen, denn nicht alle Scheiben müssen vereisen. Parken in der Nähe eines Baumes etwa oder vor einer Hauswand hält die zugewandten Autoscheiben frei. Jeder Körper strahlt Wärme ab (Stefan-Boltzman-Gesetz). Dabei verhalten sich gasförmige und feste Körper unterschiedlich. Der feste Körper, also die Scheibe, kühlt schneller unter freiem Himmel aus als die Luft. So kondensiert der Wasserdampf der Luft auf der Scheibe und gefriert dort. Aber auch die Hauswand gibt genauso wie die Autoscheibe Wärme ab, und zwar in Richtung der Scheibe. Diese Strahlung wird als langwellige Gegenstrahlung bezeichnet. Dieser kleine, aber feine Wärmegewinn reicht oft aus und die Scheibe bleibt frei. Eine Wolkenschicht verhindert ebenfalls die Wärmeabstrahlung der Autoscheibe. Ein offener Carport ist oft so effektiv wie eine Garage, sein Dach wirkt wie eine Hauswand oder die Wolken.

Kastanien stehen im Biergarten, um den Gästen Schatten zu spenden

Nach der bayerischen Bierordnung von 1539 durfte Bier nur zwischen dem 29. September und dem 23. April gebraut werden. In den Sommermonaten war Bierbrauen wegen der hohen Brandgefahr beim Sieden ganz verboten. Die Münchner Brauer mussten deshalb Bier auf Vorrat brauen und dieses dann lagern, aber ohne Kühlschränke. Daraufhin bauten sie Bierkeller, die wegen des hohen Grundwasserspiegels in München aber nicht sehr tief im Erdreich liegen konnten. Deshalb pflanzten sie oben auf die Keller Kastanienbäume als Schattenspender. Sie sorgten mit ihren großen Blättern für den besten, dunkelsten und kühlsten Schatten. Weil die Brauer ihr Bier direkt verkaufen wollten, haben sie unter die Bäume Bierbänke gestellt. Daraus wurde eine Tradition, die sich schnell über die Stadt München hinaus ausbreitete. Trotzdem ändert das nichts daran, dass die Kastanien zuerst dem Bier den Schatten spendeten.

Man kann das Wetter nicht beeinflussen

Wetter auf Bestellung, das wäre es doch! Was wie eine Fiktion klingt, ist in den USA Realität. Dort leben 15 Firmen von Wetter auf Bestellung: Sie lassen es regnen. Damit es regnet, werden die Wolken mit Silberjodid geimpft. Ohne diese Impfung würden die Wolken nicht abregnen. Denn sie enthalten zwar kleine unterkühlte Wassertröpfchen, aber nicht genug Kondensationskerne, an denen unterkühltes Wasser gefrieren kann. Silberjodid übernimmt die Funktion der Kondensationskerne, da es ein ganz ähnliches Kristallmuster hat wie natürliche Kondensationskerne. Mit Flugzeugen wird unter die Aufwindzone von Wolken geflogen und über spezielle Düsen Silberjodid verbrannt, das auf diesem Weg in die Wolken gelangt. In Moskau wurde früher so versucht, die Militärparade am 1. Mai regenfrei abzuhalten.

In Deutschland und Österreich sind Hagelflieger unterwegs. Sie impfen die Wolken ebenfalls, bringen aber in mächtige Gewitterwolken zusätzliche Kondensationskerne ein. Dadurch entstehen viele ungefährliche Regentropfen oder kleine Graupelkörner, aber keine großen Hagelkörner. Im hagelträchtigen Landkreis Rosenheim ist seit dem Einsatz der Hagelflieger der Hagelschlag merklich zurückgegangen. Punktuell scheint der Mensch durch den Einsatz von Technik dem Wetter wirklich ins Handwerk pfuschen zu können. Sonne auf Bestellung gibt es trotzdem leider nicht.

Pflanzen können das Wetter nicht beeinflussen

Wir Menschen greifen mit unserem Verhalten nicht nur in das Klima ein, sondern manchmal auch ins Wetter. Kühlschwaden von Kraftwerken können Nebel verstärken oder erzeugen sowie natürlichen Hochnebel auflösen. Es gibt das Phänomen des Industrieschnees bei einer Hochdruckwetterlage im Winter, künstlicher Nieselregen fällt dort bei der gleichen Wetterlage im Herbst oder Winter. Mögliche Hagelwolken werden durch das Impfen mit Silberjodid zum Abregnen gebracht. Aber auch Pflanzen greifen ins Wetter ein.

In der Taiga regeln Bäume über die Spaltöffnungen ihrer Nadeln die Aufnahme von CO_2. Solange die Bäume Kohlenhydrate (Zucker) bilden, ist die Verdunstung hoch. Am frühen Nachmittag, wenn die Kohlenhydratspeicher voll sind, schließen sich die Spaltöffnungen ein wenig und die Verdunstung geht zurück. Gleichzeitig erhöht sich die Temperatur auf den Nadeln. Dadurch wird die Luft erwärmt und steigt auf. Diese durchmischt sich mit trockenerer Luft aus höheren Schichten, die relative Luftfeuchtigkeit sinkt. Dadurch lösen sich die Schönwetterwolken über der Tundra teilweise auf und der Bewölkungsgrad geht zurück. Die Pflanzen greifen also mit ihrer normalen Stoffproduktion ins Wettergeschehen ein.

Mit höherer Rechenleistung von Computern wird eine 100-prozentige Wetterprognose möglich

Die Wettervorhersage als der zentrale Punkt der Meteorologie wurde vor 50 Jahren noch weitestgehend von Hand gemacht. Wetterkarten mit Tiefdruckgebieten, Warm- und Kaltfronten wurden von Hand erstellt und ausgewertet. Das ist selbst für absolute Könner eine sehr zeitaufwändige Geschichte. Von Meteorologe zu Meteorologe kam es dabei auch zu unterschiedlichen Ergebnissen.

Mit dem Computer wurde das alles viel einfacher. Gleiche Anfangsbedingungen führten bei seinen Berechnungen immer zu den gleichen Ergebnissen und die Datenmengen, die verarbeitet werden konnten, wurden immer größer. Durch den Computer konnte das Wetter auch weltweit berechnet werden. Dazu legt man ein Gitternetz über die Welt und berechnet für jeden Gitterpunkt atmosphärische Parameter. Mit der höheren Rechenleistung konnte über die Jahre hinweg dieses Gitternetz immer mehr verfeinert und dadurch die räumliche und zeitliche Auflösung deutlich erhöht werden. Die Prognosegenauigkeit nahm mit den Jahren deutlich zu. Die 24-Stunden-Vorhersage erreicht zurzeit eine Prognosegüte von 97 Prozent. Die Fünf-Tages-Vorhersage ist heutzutage so genau wie die 24-Stunden-Vorhersage Ende der 1960er Jahre. Mit diesem Trend können weitere Verbesserungen in der Mittelfrist- oder Langfristvorhersage eintreten. Aber 100 Prozent sicher werden wir das Wetter mit dem Computer nie vorhersagen können.

Warum? Weltweit gesehen gibt es zu viele Bereiche, in denen keine Wetterbeobachtungen stattfinden. Dazu gehören beispielsweise gerade die Weltmeere, die als Wetterküche gelten. Diese weltweiten Messwerte werden aber als Anfangsbedingungen aller Computermodelle benötigt.

Die Computermodelle an sich sind mathematisch-physikalische Näherungen der Atmosphäre und ihrer Abläufe. Dadurch gibt es immer kleine, hausgemachte, allerdings auch nicht vermeidbare Fehler in den Modellen, die irgendwann nach 100 Millionen Rechenschritten so zu Buche schlagen, dass das vorhergesagte Wetter einfach nicht mehr stimmen kann. Da hilft dann auch eine noch so große Rechenkapazität der Computer nicht mehr. Als Meteorologe bin ich darüber heilfroh! Erstens haben wir eine gute Ausrede bei einer Fehlprognose und zweitens bleibt der Meteorologe wichtig, weil er mit seinem Fachwissen die Fehler der Computermodelle kennt, einschätzen und korrigieren kann.

Unter Wasser bekommt man keinen Sonnenbrand

Richtige Taucher sind nicht gefährdet, da sie in Tiefen von mehr als 2 Metern unter der Wasseroberfläche tauchen. Dort ist das UV-Licht komplett ausgefiltert. In normalen Schwimmtiefen bis zu 1 Meter sind allerdings noch 50 Prozent der gefährlichen Strahlung vorhanden. Schwimmer und Schnorchler kommen mit ihrem Körper immer wieder aus dem Wasser und dann wirken die Wassertropfen zusätzlich wie ein Brennglas auf der Haut. Auch wenn es sich komisch anhört: Schwimmer und Schnorchler sollten im Wasser zusätzlich zur Sonnencreme auch noch ein T-Shirt tragen. Besonders intensiv ist die UV-Strahlung in der Mittagszeit, denn dann steht die Sonne am höchsten. Dann hat das UV-Licht einen besonders kurzen Weg durch die Atmosphäre und wird deshalb weniger stark geschwächt.

Bauernregel vom 4. Dezember, Barbara

Geht Sankt Barbara in Grün, kommt's Christkind in Weiß.
Stimmt nicht: Wenn um den 4. Dezember kein Schnee liegt, so wird es auch zu über 50 Prozent Wahrscheinlichkeit im nördlichen Deutschland an Weihnachten keinen Schnee geben. Ist aber Anfang Dezember eine Schneedecke vorhanden, so stehen die Chancen auf mindestens einen Schneetag zwischen dem 24. und 27. Dezember bei 70 Prozent.

Vulkanausbrüche haben nur lokal Einfluss auf das Wetter

Bei jedem Vulkanausbruch ist die nähere Umgebung durch Ascheregen, Lavaströme, fliegende Gesteinsbrocken oder Schlammlawinen immer am stärksten betroffen. Bei großen Ausbrüchen greifen die Vulkane aber auch in das weltweite Wettergeschehen ein, wenn große Mengen Asche hoch in die Atmosphäre oder sogar bis in die Stratosphäre geschleudert werden. Vor allem in der Stratosphäre, die in unseren Breiten oberhalb von 12 Kilometern beginnt, halten sich diese Teilchen sehr lange, da sie dort nicht durch Regen ausgewaschen werden können. Die Ascheteilchen reflektieren das Sonnenlicht, wodurch sich die Temperatur auf der Erde verringert. Beim letzten Ausbruch des Pinatubo im Jahr 1991 beispielsweise sank die Temperatur weltweit im Schnitt um 0,5 Grad Celsius. 1816 gab es in Nordamerika und Europa ein Jahr ohne Sommer mit verheerenden Wettererscheinungen. Der Frost setzte in Europa damals im August ein. Hungersnöte waren die Folge. Zurückzuführen war dies auf den Ausbruch des Vulkans Tamora im heutigen Indonesien im Jahr 1815. Damals legte sich ein Ascheschleier um die ganze Welt, die Sonne war nur milchig zu sehen. Bis ins Jahr 1819 hielt die Abkühlung des Weltklimas an.

Wetterprognosen sind ohne Satelliten und ohne Computer nicht möglich

Ohne Computer mit gigantischer Rechenleistung und vor allem ohne Satelliten ist die heutige Wettervorhersage nicht mehr vorstellbar. Vor über 50 Jahren begann die Ära der ersten rechnergestützten Vorhersagemodelle. Der erste Wettersatellit war Tiros, der am 1. April 1960 von den USA aus ins All gebracht wurde. Seitdem gab es eine rasante Entwicklung, so dass wir heutzutage täglich Wolkenbilder vom Europäischen Meteosat im Internet oder im TV sehen können. Meteorologische Vorhersagekarten, Endprodukte der Modellläufe im Computer, sind auch für Laien im Internet zu finden. Die Fülle der Informationen ist großartig. Trotzdem es geht auch ohne den technischen Schnickschnack.

Vor dem Zeitalter von Computer und Satelliten wurden die Wetterkarten von Hand gezeichnet. Darin wurden die gemessenen Werte aller Wetterstationen eingetragen. Daraus ergab sich die Lage von Hoch- und Tiefdruckgebieten. Damit hatte man die aktuelle Wettersituation erfasst. Aus langjähriger Erfahrung, wie Tief- und Hochdruckgebiete sich verlagern, entstand die Wetterprognose. Natürlich ging das nicht mit der heute gewohnten Genauigkeit über mehrere Tage hinweg, aber die Prognosen waren zu der damaligen Zeit schon recht brauchbar. Auch für den Hausgebrauch eine ordentliche Wetterprognose hinzubekommen, geht ohne große Technik: einfach durch das Beobachten der Wolken sowie durch Messen der Windrichtung, des Luftdrucks und der Temperatur.

Ziehen Cirren an einem blauen Himmel auf, nähert sich ein Tief. Dann wird sich das Wetter auf jeden Fall verschlechtern und in den nächsten 24 Stunden beginnt es zu regnen. Bleibt der Luftdruck gleich, ändert sich das Wetter nicht. Fällt er kontinuierlich, nähert sich ein Tief. An der Zugrichtung der hohen Wolken lässt sich bestimmen, ob man sich vor einem Tief oder südlich oder nördlich davon befindet, oder ob man alles schon hinter sich hat. So könnte das noch beliebig weitergeführt werden. Wenn Sie das Wetter selbst beobachten und Ihre eigenen Wetteraufzeichnungen machen möchten, dann lesen Sie doch mal das jährlich erscheinende „Kosmos Wetterjahr".

Bauernregel vom 31. Dezember, Silvester
Friert zu Silvester Berg und Tal, geschieht's das letzte Mal.
Stimmt nicht: Das ist weniger eine Bauernregel als ein Hinweis darauf, dass das Kalenderjahr zu Ende geht. In diesem Jahr gibt es keinen Frost mehr, aber am 1. des neuen Jahres geht's weiter – und das nicht mit dem Sommer.
Und weil's so schön war, noch ein paar Silvesterregeln:
Wenn's an Silvester stürmt und schneit, ist Neujahr nicht mehr sehr weit.
Silvesternacht düster oder klar, deutet auf ein neues Jahr.
Ist's zu Silvester hell und klar, steht vor der Tür das neue Jahr.

Mit der Klimaerwärmung wird es in Zukunft in Europa immer wärmer

Bis zu einem gewissen Grad wird das mit Sicherheit der Fall sein. Allerdings besteht die Gefahr, dass der Golfstrom durch die geänderten Bedingungen zum Erliegen kommen könnte. Immerhin sorgt der Golfstrom in Nord- und Mitteleuropa für eine durchschnittliche Erhöhung der mittleren Temperatur von 5 bis 10 Grad Celsius – und das liegt weit über der prognostizierten Zunahme durch den menschlichen Treibhauseffekt. Käme der Golfstrom zum Erliegen, was Klimaexperten für möglich halten, würde es bei uns kälter als heute werden.

Der Golfstrom wird durch eine Zirkulation im Wasser angeregt. In hohen Breiten sinkt Wasser durch die winterliche Abkühlung nach unten und bewegt sich nach Süden. An der Oberfläche strömt tropisches Wasser nach. Damit das Wasser absinken kann, muss es einen hohen Salzgehalt haben, denn nur dann ist es schwer genug. Wird durch das Abschmelzen der Gletscher und auch des Grönlandeises sowie einer Zunahme der Regenmengen in nördlichen Breiten der Salzgehalt des Meerwassers verringert, kommt diese Zirkulation zum Erliegen. Das wird zunächst nur langsam gehen, aber ab einem gewissen Punkt wird das System kippen und der Golfstrom fließt nicht mehr. Selbst wenn sich danach die Verhältnisse in der Atmosphäre und dadurch auch im Wasser wieder normalisieren sollten, gibt es keine Garantie, dass der Golfstrom wieder in Gang käme. Laut Klimamodellen ist das Stoppen des Golfstroms aber in den nächsten 100 Jahren nicht zu erwarten. Erwartet wird hingegen eine Verringerung des Golfstroms von 20 Prozent, die die Temperaturzunahme in Mitteleuropa allerdings verringern würde.

Auf der Erde wird es in Zukunft immer wärmer

Der von Menschen gemachte Klimawandel lässt sich nicht mehr leugnen. Die Treibhausgase heizen die Erde immer mehr auf. Das Wetter spielt verrückt. Praktisch täglich erfahren wir von neuen Wetterrekorden und neuen Wetterkatastrophen. Der August 2003 und Juli 2006 waren so warme Rekordsommermonate, wie Deutschland sie noch nie erlebt hat. Diese vom Menschen herbeigeführte Erwärmung überdeckt, dass wir erdzeitgeschichtlich eher auf dem Weg zu einer Eiszeit sind.

Warm- und Eiszeiten werden durch Änderungen der Erdbahn um die Sonne (Exzentrität) hervorgerufen, durch eine Verschiebung der Rotationsachse (Nutation) sowie durch Taumeln der Erdachse (Präzession). Die Periodenlängen dieser drei Zyklen liegen bei 100.000, 41.000 und 22.000 Jahren. Diese drei astronomischen Faktoren überlagern sich und führen zu langfristigen Schwankungen unseres Klimas. Die Erdbahn um die Sonne ändert sich innerhalb von 100.000 Jahren von einer Ellipse zu einer Kreisbahn und wieder zurück. Dadurch ändert sich auch die auf die Erde einfallende Sonnenstrahlung.

Die Rotationsachse, um die sich die Erde dreht, ist um 23,44 Grad gegen die Bahnebene geneigt. Durch diese Neigung und die elliptische Bahn werden bei uns die Jahreszeiten hervorgerufen. Die Bereiche mit der größten Sonneneinstrahlung wandern im Jahreslauf zwischen 23,44 Grad nördlicher Breite und 23,44 Grad südlicher Breite. Einmal bekommt die nördliche, dann die südliche Halbkugel der Erde mehr Sonne ab – dort herrscht dann jeweils Sommer. Zu Frühling- und Herbstanfang steht die Sonne genau über dem Äquator und beide Halbkugeln bekommen gleich viel Sonnenenergie ab. Die Neigung der Erdachse hat also ganz eindeutig einen erheblichen

Einfluss auf das Klima. Die Erdachse ist aber nicht stabil. Mit einer Periode von 41.000 Jahren pendelt die Neigung der Erdachse zwischen 22 Grad und 24,5 Grad. Damit ändern sich auch die Verteilung der Sonneneinstrahlung und somit auch das Klima.

Die Form der Erde ist bei weitem keine perfekte Kugel. Vielmehr sieht sie wie ein Ball aus, der von oben zusammengedrückt wurde: An den Polen ist sie flacher, am Äquator etwas dicker. Die Anziehungskraft von Sonne und Mond plus die geneigte Erdachse sorgen für das Taumeln der Erde. Sie bewegt sich wie ein riesiger Kreisel im Weltall. Die Präzession bestimmt, wo auf der Erdbahn Sommer und Winter ist. Die Jahreszeiten verschieben sich dadurch auf dem Kalender, ihre Reihenfolge bleibt aber gleich. Im 12. Jahrtausend wird der sonnennächste Punkt, das Perihel, mit dem Sommeranfang auf der Nordhalbkugel zusammenfallen.

Nimmt man diese drei Faktoren zusammen und lässt den menschlichen Eingriff ins Klima außer Acht, würde das Klima der Erde so wie in den letzten 8.000 Jahren sein und noch einige tausend Jahre konstant bleiben, sich dann aber in Richtung Eiszeit entwickeln.

Literatur

Konrad Balzer: **Wetterfrösche und Computer** – Möglichkeiten und Grenzen der Wettervorhersage, Verlag Harri Deutsch 1989

Jürgen Brauerhoch: **Das Föhnsyndrom** oder man wandelt nicht ungestraft unter Maßkrügen, Ansichten und Meinungen zu einem widrigen Wind im Alpenraum, Meyster 1985

Bernd Eisert, Richard Heinrich und Gabriele Reich: **Kosmos Wetterjahr**, Kosmos (erscheint jährlich im September)

Tim Flannery: **Wir Wettermacher** – wie die Menschen das Klima verändern und ..., S. Fischer 2006

Hartmut Graßl: **Wetterwende** – Vision: Globaler Klimaschutz, Campus 1999

Hans Häckel: **Meteorologie**, UTB 2005

Arnold Hanslmeier: **Gefahr von der Sonne**, blv 2000

Dieter Karnietzki: **Wetterregeln für Segler**, Delius Klasing 2003

Manfred Kreipl: **Mit dem Wetter segelfliegen**, Motorbuch 1986

Prof. Dr. Mojib Lativ: **Hitzerekorde und Jahrhundertflut** – Herausforderung Klimawandel, was wir jetzt tun müssen, Heyne 2003

Gösta H. Liljequist und Konrad Cehak: **Allgemeine Meteorologie**, Springer 1984

Horst Malberg: **Bauernregeln aus meteorologischer Sicht**, Springer 1999

Bernhard Michels: **Natur- und Wetterkalender**, BLV 1998

Manfred Reiber: **Moderne Flugmeteorologie** – Wissen – Praxis – Flugsicherheit, Verlag Harri Deutsch 1998

Hans-Joachim Tanck: **Meteorologie**, rororo 1985

Harald Weingärtner: **Wenn die Schwalben niedrig fliegen**, Piper 2000

Wie funktioniert das? Wetter und Klima, Meyers Lexikonverlag 1989

Register

Abendrot 123
Abgase 28, 17, 34, 133
Absinkinversion 17, 101
Absorption 27, 110
Abwinde 25, 46
Advektionsnebel 80f.
Aerosole 68, 90, 133
Altweibersommer 132
Amboss 20, 72
Antarktis 140
Anziehungskraft 22f., 134, 153
Aphel 106, 108
Äquinoktikum 119
Aristoteles 22, 70
Asche, vulkanische 148
Atmosphäre 20, 27, 31, 34f., 39f., 59, 69, 78, 82, 101, 106ff., 122, 128, 135, 146ff.
Aufgleitinversion 101
Aufschaukelungsprozess 49
Aufstieg, feuchtadiabatischer 113
Aufstieg, trockenadiabatischer 113
Ausdehnung, thermische 134
Ausstrahlung, nächtliche 83, 97
Autoscheibe, vereist 141
Azorenhoch 39, 122

Bahngeschwindigkeit 108
Bahnneigung 107
Barisches Windgesetz 44
Barometer 36, 129
Barometrische Höhenformel 32
Barorezeptor 129
Bauernregel 10, 11, 16, 27, 31, 33, 37, 38, 46, 51, 52, 60, 65, 69, 73, 77, 88, 92, 98, 102, 106, 116, 122, 138, 147, 150
Bäume 14, 49, 62, 97, 132, 141, 142, 144
Bergeron-Findeisen-Theorie 18

Bergwind 45, 46
Bermudadreieck 120
Biergarten 65, 142
Biowetter 128f.
Blauer Strahl 109
Blitz 68, 74ff., 129
Blitzeinschlag 68f., 73, 76
Blitzkanal 70
Blitzvolltreffer 77
Blizzard 66
Blowout 120
Bodendruckkarte 32
Bodeninversion 82, 102
Bodenreibung 55
Böenwalze 74
Böigkeit 48
Bora 53

Cirren 15, 18, 149
Cirrus 15, 18
CO_2 127, 133, 144
Computermodelle 137, 145f., 149
Corioliskraft 42ff., 51f.
Cosinusgesetz 107
Cumulonimbus 72
Cumulostratus 15
Cumulus 15
Cumuluswolke 18

Dauerregen 9, 64
Donner 70, 72, 74
Drucksprung 70
Dunkelblitz 129
Dunst 90

Easterly waves 59
Edelgase 22
Eis 8, 18, 84ff., 134, 140
Eisblumen 85
Eisheiligen 65, 73
Eiskeim 85
Eiskern 85f.
Eiskernbohrung 127
Eiskristall 8, 10, 18, 72, 84f., 87ff., 91ff., 140
Eismassen Pole 134
Eiswolke 18, 72, 112
Eiszeiten 152
Elbeflut 126
Elektrizität 71

Ellipsenbahn 106, 108
England 121
Erdachse 43, 152f., 107
Erde 106
Erdumlaufbahn 106f., 152
Erwärmung, globale 124, 133
eyewall 58

Fallgeschwindigkeit 22
Fallwind 53, 60, 64
Faraday'scher Käfig 76
FCKW 35, 127
Federwolke 15
Feuchtegehalt Luft 13
Flugzeug 25f., 47, 86, 142
Fluorkohlenwasserstoffe 35
Flutwelle 54
Föhn 53, 60f., 64f.
Föhnwind 53, 60
Freakwaves 120
Frühlingsanfang 46,119
Frühjahrsmüdigkeit 128

Galilei, Galileo 22
Gefrierpunkt 91
Gegenwind 26
Gesetz von Bernoulli 49
Gewitter 9, 38, 55, 59, 62, 68, 70ff., 102, 129
Gewitterfront 74
Gewitterwand 58
Gewitterwolke 8, 10, 12, 20, 35, 62, 68, 72, 74f., 78, 85, 143
Gletscher 124, 134,150
Globalstrahlung 111
Golfstrom 80, 151
Gradientkraft 44
Gravitation 22
Grüner Saum 109
Grüner Strahl 109
Grünes Segment 109

Hagelflieger 143
Haufenwolke 15, 8
Hauptblitz 68
Heilige Drei Könige 10
Hitze 96, 136
Hitzestau 83

Hoch 32f., 36ff., 39, 44, 66, 101
Hochnebel 102, 113, 144
Howard, Luke 15f.
Hundertjähriger Kalender 112, 130f.
Hundstage 136
Hurrikan 52, 54ff., 117
Hurrikan, Auge 57f.
Hurrikan, Zentrum 56

Idealzyklone 9
Iglu 84
Ikarus 113
Industrieschnee 17, 66, 144
infrarote Strahlung 27
Inversion 17, 81, 101f., 113
Inversionsschicht 17, 66, 102
Inversionswetterlage 81

Jahresniederschlagssumme 121
Jahreszeiten 107, 152f.
Jahrhunderttorkan "Lothar" 126

Kalender, Hundertjähriger 112, 130f.
Kalender, Siebenjähriger 131
Kälte 93
Kältepol Erde 118
Kaltfront 9, 29f., 38, 78, 102
Kaltfront, maskierte 29
Kaltluft 80, 119, 29f., 74
Kanarenstrom 117
Kastanien 142
Kepler, Johannes 106, 108
Kerndruck 33, 54
Klimaerwärmung 134, 151
Klimamodelle 133, 151
Klimawandel 124, 126, 133, 135, 152
Knauer, Moritz 130f.
Koagulation 87
Kohlendioxid 22, 127, 133, 144
Kohlenwasserstoffe 28
Kondensation 12, 20, 113
Kondensationskern 90, 142f.
Kondensationsniveau 12

Kühlschrank 103f.
Kühlschwaden 144

Lachgas 133
Landregen 29
Landregenwolke 85
Landwind 45
Laubfrosch, Gemeiner 139
Lichtbrechung 109f.
Lichtstreuung 27, 111, 123
Luft 22ff., 93
Luft, Gewicht 22f.
Luftdruck 9, 22, 32ff., 36, 54, 58, 128
Luftdruckänderung 36, 128
Luftfeuchte, relative 13, 81, 90
Luftfeuchtigkeit 13, 74
Luftloch 25f.
Luftmasse 9, 47, 70, 98
Lufttemperatur 40
Luftwiderstand 22

Mallorca 94
Märzwinter 119
Meeresspiegel 134
Meteosat 149
Methan 120, 127, 133
Methanhydrat 120
Mischungsnebel 80f.
Mittelmeerwinter 122
Mond 112
Mondhof 112
Mondring 112
Monsun 50
Moor 83, 97, 99
Moornebel 83
Morgenrot 123

Nachtfrost 73, 97
Nassschnee 92
Nebel 8ff., 97, 102, 144
Nebeltröpfchen 80f.
Neumond 112
Neuschnee 17, 66, 144o
Niederschlag, konvektiver 116
Nieselregen 17ff., 87
Nieselregen, künstlicher 144
Nilüberschwemmung 136
Nimbostratus 86
Nimbus 15
N.N. 32

Nordostpassat 117
Nordsommer 107
Nordwestwind 45, 50
Nordwinter 107
Normalnull 32

Oderflut 126
Ostwind 45, 123
Ozon 28, 34f.
Ozon, bodennahes 28, 34, 128
Ozonbelastung 28
Ozonloch 28, 35

Perihel 106, 108, 153
Pflanzen 144
Photovoltaik 111
Planeten 27, 106, 130f.
Polarjet 47
Polarluft 98
Pulverschnee 84, 92

Quellwolke 8f., 10ff., 38, 72, 85

Reflexion 27
Regen 17f., 66, 74f., 87ff.
Regenbildung 18f.
Regentropfen 18, 87
Regenwetter 121
Regenwolke 11, 15
Reibung 44, 55
Rekordsommer 152
Rotationsachse 152
Roter Strahl 109
Rückenwind 26, 47

Sahne 71, 104
Sättigungsdampfdruck 18
Sauerstoff 22, 24, 28
Schatten 14, 142
Schauer 9, 38, 102, 116
Schichtwolke 15, 18
Schleierwolke 9, 11, 18, 72
Schnee 17, 66, 84, 91ff., 140, 147
Schneeflocke 91, 140
Schneekristalle 17, 66, 93
Schneesturm 66
Schönwetterperiode 36, 132
Schrittspannung 73
Seerauch 81
Seewind 45

Segelfliegen 38
Sferics 128f.
Sibirien 118
Silberjodid 142f.
Sirius 136
Smog 102, 113, 128
Sogwirkung 49, 62
Sommerhalbjahr 108
Sommermonsun 50
Sommerregen 88
Sommertag 99
Sonne 27f., 57, 81, 98, 106ff., 109, 113ff.
Sonnenaufgang 45, 114
Sonnenenergie 27, 107, 111, 152
Sonnenkollektor 111
Sonnenlicht 27, 109f., 123
Sonnenscheindauer 111
Sonnenuntergang 16, 109
Spannungstrichter 73
Spektralfarben 109
Sperrschicht 17
Starkwindband 47
Stefan-Boltzman-Gesetz 141
Stickoxide 28
Stickstoff 22, 24, 27, 31
Strahlungsabsorption 34
Strahlungsnebel 82
Stratocumuluswolke 18
Stratosphäre 20, 148
Stratus 15
Stratuswolke 18
Streuung 27, 111, 123
Sturm 120, 126
Sturmflut 54, 126
Sturmkatastrophe 126
Sturmwind 74
Subtropenjet 47
Südwestwind 45

Tagesgang 10, 45
Tageszeiten 48
Tag-und-Nacht-Gleiche 119
Talwind 45
Taupunkt 13, 80ff.
Temperatur 91, 96, 101, 104, 133
Temperaturschwankung 99
Thermometer 40
Tief 9, 29, 32f., 36, 38f., 44, 66, 78, 116, 149

Tiefdruckgebiet 9, 29, 39, 52, 45, 50, 149
Tornado 62f., 126
Totes Meer 125
Treibhauseffekt 127, 133, 134, 135
Treibhausgas 127, 135, 151f.
Tropensturm 51f., 55f., 117
Tröpfchenwachstum 87
Tropischer Wirbelsturm 51
Tropopause 20, 72
Troposphäre 20, 31, 35
Turbulenz 25ff., 82

Überflutungen 126
Unterdruck 62
Unwetter 20, 36, 126
UV-Strahlung 14, 34, 100, 125, 147

Ventilator 96
Vereisung 19, 86
Vollmond 112
Vorblitz 68
Vorhersagemodell 137, 149
Vulkanausbruch 148

Wärme, latente 64
Wärmekapazität 16, 83, 99
Wärmeleitfähigkeit 83f., 97, 99
Wärmeleitung 84
Wärmemenge 84
Wärmestrahlung 27, 99, 135
Warmfront 9, 29, 101
Warmluft 12, 29, 38, 69
Warmzeiten 152
Wasserdampf 12f., 17, 20, 22, 24, 31, 35, 51, 53, 62, 64, 87, 93, 135
Wasserdampfdiffusion 84
Wasserdampfsättigung 80
Wassertemperatur 51, 59, 117
Wassertröpfchen, unterkühlte 85, 142
Wassertropfen 8, 85f., 90, 147
Wellenlänge 27, 34
Weltklima 148

Wetterbeeinflussung 142ff.
Wetterbeobachtung 130, 145, 149f.
Wetterfrosch 139
Wetterfühligkeit 128f.
Wetterhütte 40
Wetterkarte 32, 66, 145, 149
Wetterkatastrophe 152
Wetterprognose 36, 130, 137ff., 145f., 149f.
Wettersphäre 35, 72
Wetterstation 149
Wetterumschwung 45, 102, 112, 128
Wetterwechsel 128
Wind 42, 44ff., 74f., 82, 96
Windbruch 49
Winddruck 49
Windgeschwindigkeit 44, 46f., 48, 54f., 56, 63, 66, 83
Windscherung 26
Windstärke 48f., 54
Wintereinbruch 94
Wintergewitter 78
Winterhalbjahr 108
Winterhoch 39
Wintermonsun 50
Winternacht, klare 141
Wirbelsturm 62
Wolken 8ff., 58, 70, 113f., 142
Wolken, Klassifizierung 15f.
Wolkenbruch 87
Wolkendecke 97
Wolkenloch 14
Wolkennamen 15f.
Wolkenobergrenze 20
Wolkentröpfchen 13, 18, 85, 87
Wolkenwalze 74

Zentrifugalkraft 42ff., 58

Titel der Originalausgabe:
Können Wetterfrösche irren?
120 populäre Irrtümer über das Wetter
© 2007 Franckh-Kosmos Verlags-GmbH & Co. KG, Stuttgart
© Verlag Herder GmbH, Freiburg im Breisgau 2009
Alle Rechte vorbehalten
www.herder.de

Umschlagkonzeption und -gestaltung:
R · M · E Eschlbeck / Botzenhardt / Kreuzer
Umschlagmotiv: © Cinetext/Van Eick
Fotos der Autorin und des Autors: © Privat

Herstellung: fgb · freiburger graphische betriebe
www.fgb.de

Gedruckt auf umweltfreundlichem, chlorfrei gebleichtem Papier
Printed in Germany

ISBN 978-3-451-05882-0

Eintauchen – Träumen – Entdecken – Genießen

Mit Wilhelm Busch den Tücken des Lebens begegnen
Hg. von Michaela Diers
Band 5897
Die Highlights aus dem Werk Wilhelm Buschs, des großen deutschen Humoristen und Satirikers: Turbulenzen, vom Meister der Reduktion auf Punkt und Strich gebracht.

Immanuel Kant
Mit Kant am Ast der Dummheit sägen
Hg. von Hans-Joachim Neubauer
Band 5709
In diesem Band erscheint Kant neu: als verlässlicher Weggefährte durch die Fährnisse eines unvernünftigen Alltags, als Ratgeber bei Fragen der Moral und des Urteilens, als Menschenkenner ohne Scheuklappen.

Adolph von Knigge
Mit Knigge stilvoll und elegant im Alltag
Hg. von Günter Stolzenberger
Band 5925
Der Herausgeber präsentiert eine neue, alphabetische Auswahl von A wie Alter bis Z wie Zanksucht: hilfreich und dabei höchst unterhaltsam!

Karl Marx
Mit Marx richtig reich werden
Hg. von Hans-Joachim Neubauer
Band 5978
Unsere Sammlung entdeckt den streitbaren Philosophen und Ökonomen neu. Ein unterhaltsamer und überraschender Streifzug zu einem anderen, unbekannten Marx.

Friedrich Nietzsche
Mit Nietzsche die Langsamkeit entdecken
Hg. von Hans-Joachim Neubauer
Band 5710
Wer zu schnell ist, läuft seinem Glück davon, sagt Nietzsche. Ruhe, Geduld, Rhythmus, Liebe, Maß und Kreativität – Glück braucht Muße. Und Lebenskunst braucht Zeit.

HERDER spektrum

Verblüffendes und Unterhaltsames

Burckhard Garbe
Von „abbeuteln" bis „zwiebeln"
Das Alphabet der witzigsten Wörter
Band 6006

Die längsten und die kürzesten Wörter, Anagramme und Palindrome – mit diesem Alphabet für Wortvirtuosen macht Sprache Spaß.

Das schönste deutsche Wort
Liebeserklärungen an die deutsche Sprache
Hg. von Jutta Limbach
Band 5801

Welches ist das schönste deutsche Wort? fragte der deutsche Sprachrat. Und wurde von tausenden Einsendungen aus 111 Ländern überschwemmt. In diesem Lesebuch werden die allerschönsten vorgestellt.

Chefsalat
Wundersames aus der Welt der Wirtschaft. ZEIT Wirtschaftsteil
Hg. von Marcus Rohwetter
Band 5966

Hier werden sie enthüllt, die Geheimnisse um den goldenen Bürostuhl, Energiesparen, Sprachcomputer und Managergehälter – stilistisch brillant auf den Punkt gebracht von absoluten Kennern der Wirtschaftsszene.

Burkhard Spinnen
Gut aufgestellt
Kleiner Phrasenführer durch die Wirtschaftssprache
Band 5961

Scharfsinnige Glossen eines brillanten Autors, der uns die alltäglichen Absurditäten der Wirtschaftssprache punktgenau und unterhaltsam vor Augen führt – ein Lesegenuss mit großer Gewinnerwartung!

Thomas Vilgis
Wissenschaft al dente
Naturwissenschaftliche Wunder in der Küche
Band 5761

Neues vom Soundtrack der Kartoffelchips, Überraschendes aus dem Reich der Fleischreifung und Verblüffendes über die Physik des Abwaschwassers. Kulinarisch lehrreich und äußerst amüsant.

HERDER spektrum